Neuro oratoria^{MR}

Jürgen Klarić

Neuro oratoria^{MR}

Las mejores técnicas para
cautivar la mente de tu público,
generar ventas y ser un gran líder

PAIDÓS EMPRESA

Diseño de portada: Miguel Ángel Benítez Henao
Fotografía de portada: Felipe Loaiza
Fotografías del autor: Felipe Loaiza
Ilustraciones de interiores: Raymond Reyne
Diseño de interiores: Cortesía de Biia International Publishing
Diagramación: Nuria Saburit y Hernán García Crespo / CAJATIPOGRÁFICA
Recuadro Colorimetría: Alfred Jan
Gráficos: Pulso.inc
Infografías: Gabriela Ortiz

© 2018, Jürgen Klarić

Derechos reservados

© 2018, Ediciones Culturales Paidós, S.A. de C.V.
Bajo el sello editorial PAIDÓS M.R.
Avenida Presidente Masarik núm. 111, Piso 2
Colonia Polanco V Sección
Delegación Miguel Hidalgo
C.P. 11560, Ciudad de México
www.planetadelibros.com.mx
www.paidos.com.mx

Primera edición en formato epub: mayo de 2018
ISBN: 978-607-747-472-2

Primera edición impresa en México: mayo de 2018
ISBN: 978-607-747-459-3

Impreso en los talleres de Litográfica Ingramex, S.A. de C.V.
Centeno núm. 162-1, colonia Granjas Esmeralda, Ciudad de México
Impreso y hecho en México –*Printed and made in Mexico*

¡gracias!

A toda la gente, a los que cuestionaban, a quienes confiaban, y a todos los que hicieron posible que esto funcione.

A mis seguidores en redes sociales, a todos los que se han mantenido en contacto conmigo a lo largo del tiempo.

A mi familia, a Verónica Ospina, a Isabella Klarić, a Daniela Klarić, a Alejandro Klarić, a Teresita Canedo, a Andrés Klarić, a Lesly Klarić y a Andrés Peláez, Ricardo Perret, Eduardo Caccia, David Hurtado, Javierito Peláez, Fernando Diez, Blanquita Venegas.

A todos los embajadores de la fundación BiiA Lab.

A mi editora, Ixchel Barrera, y a Alejandra Barreda, que tanto me ayudaron con sus lecturas y sus observaciones.

Y agradezco sobre todo ser un hombre con suerte.

Toma ventaja de cada oportunidad
para practicar tus habilidades
comunicativas, para que cuando
surjan ocasiones importantes tengas
el don, el estilo, la nitidez, la claridad y
las emociones de afectar a otra gente.
—Jim Rohn

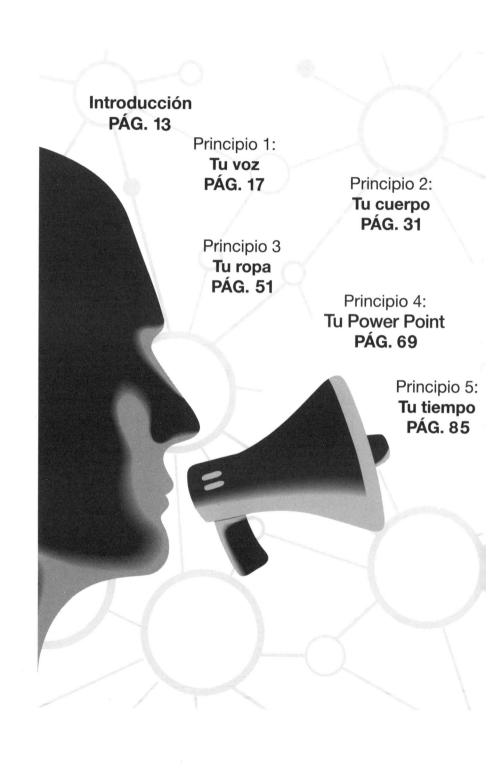

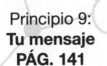

índice

introducción

"El arte de la comunicación es el lenguaje del liderazgo".
—James Humes

Hoy en día el mundo necesita líderes, líderes que sean capaces no solo de dirigir, de orientar a la gente, sino líderes que sean capaces de influir en las personas, que sepan transmitir un mensaje ético, de comunicar lo importante que es trabajar juntos para construir un mundo mejor.

Personalmente, creo que en el mundo no hay una falta de liderazgo, hay una falta de líderes que sepan comunicar sus ideas, que sepan conmover, motivar. Hay gente que muere con las mejores ideas dentro de la cabeza porque no sabe comunicarse de manera asertiva. Y este libro está escrito precisamente con la idea de que todo el mundo desarrolle su potencial para comunicar sus pensamientos de manera eficaz.

Libros sobre oratoria hay cientos. Pero ¿qué es lo que hace distinto a este libro? La diferencia está en mi conocimiento de cómo funciona la mente humana. Lo que vas a leer en las siguientes páginas es el resultado de años y años de práctica respaldada por investigación científica. Está basado en mis conocimientos de neuromarketing y en lo que me ha funcionado a mí, que he dado más de 400 conferencias en diferentes países, probadas antes en mis clases y talleres.

Si yo hubiera encontrado un libro como este cuando empecé en el negocio del marketing y la oratoria, definitivamente me hubiera ahorrado un largo camino, aunque también es cierto que gracias a que no había un libro así, me vi obligado a hacer una profunda investigación para descubrir por qué al hablar causaba un efecto tan fuerte en las personas.

Esto es lo que me permitió llegar a estos **10 principios fundamentales de la neuro oratoria**, que he aplicado en mis conferencias ante auditorios de mil personas.

Cuando desarrollé la idea de la neuro oratoria, tenía en mente crear una herramienta que ayudara a quienes querían dedicarse a la oratoria profesional, pero rápidamente me di cuenta de que podía llegar más lejos.

Es verdad que puedes aplicar estos principios para hablar ante un gran auditorio, pero también para las presentaciones de trabajo y para comunicar tus ideas con claridad y de manera convincente, incluso ante una sola persona.

Ten en cuenta que todos, en todo momento, estamos comunicando algo.

A través de nuestras palabras, pero sobre todo de nuestra entonación,

los gestos, las miradas, la postura corporal, los silencios decimos algo, **tanto consciente como inconscientemente.** Por ello es de gran importancia conocer y aplicar estos principios.

La idea no es solo ayudarte a dejar atrás el pánico escénico o que aprendas a hablar mejor, sino que principalmente se trata de que cambies por completo tus concepciones sobre lo que significa ser un buen orador.

Recuerda que no hay malas ideas sino malos oradores, así que mi objetivo es que cuando termines de trabajar con este libro puedas vender tu mensaje y venderte tú de una forma en que seas escuchado e influyas en los demás.

Vender es mucho más que convencer a un cliente de comprar el producto o el servicio que le ofrecemos, en realidad todos estamos vendiendo siempre en cualquier momento de nuestra vida.

Vendemos cuando queremos obtener un trabajo. Cuando queremos formar una familia. Incluso cuando hablamos con nuestros hijos estamos vendiendo nuestra imagen, nuestras ideas y nuestra visión del mundo.

La vida se reduce a tomar decisiones, y muchas veces esas decisiones dependen de la manera en que logramos comunicarnos con las personas que forman parte de esas decisiones.

Antes de comenzar quiero decirte que toda la teoría del mundo sobre neuro oratoria no te servirá de nada si no la practicas día a día. Por eso vas a encontrar una serie de ejercicios que te permitirán incrementar tus competencias como comunicador.

PRINCIPIO
UNO

Tu voz

"La música no **reemplaza** a las **palabras,** le da **tono** a las **palabras".**
—**Elie Wiesel**

Cuánto tiempo dedicamos a hablar diariamente, cuántos años llevamos usando la voz como nuestro principal instrumento de comunicación, cuántas veces hemos oído que nuestra capacidad de hablar es lo que nos distingue como seres humanos, y sin embargo apenas somos conscientes de la forma en que nos expresamos, no somos conscientes de nuestra entonación.

Pero si tú estás pensando en convertirte en orador profesional o si lo que quieres es aprender a vender realmente un concepto, convenciendo y persuadiendo a quienes te escuchan, es fundamental que comiences a poner atención a la forma en que manejas la voz.

LA CLAVE DE UNA BUENA VOZ: RESPIRACIÓN DIAFRAGMÁTICA

Respirar no solo es natural sino vital, pero la mayoría de las personas no saben hacerlo de forma correcta. Con toda certeza puedo afirmarte que el 90% de las personas que asisten a nuestros cursos de neuro oratoria respiran con la parte superior del tórax. Y eso es un gran error.

Para que la voz alcance a proyectarse con claridad, y sobre todo para prevenir disfonías y otros problemas que afectan al aparato fonador, es necesario saber respirar.

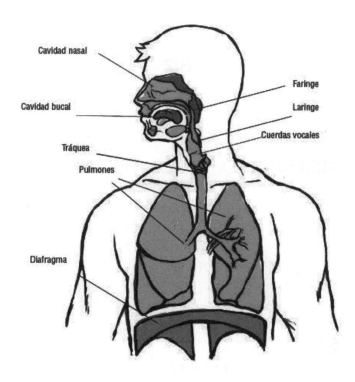

Observa tu respiración. Si al inhalar aire profundamente notas que contraes el vientre y levantas los hombros, si tomas el aire por la boca, es fundamental que corrijas tu respiración. Ensanchar el pecho y no el abdomen impide que baje el diafragma y obstaculiza el descenso de los pulmones, reduciendo la posibilidad de que la parte baja, la de mayor capacidad, se ensanche.

Para comenzar a practicar la respiración diafragmática (también conocida como respiración abdominal), acuéstate boca arriba y pon las manos sobre el abdomen. Da unos pequeños suspiros para expulsar de los pulmones el aire residual.

Ahora inhala por la nariz en 4 tiempos, mientras haces que tu abdomen se infle (imagina que se trata de un globo). Retén el aire 2 tiempos sin forzarte. Y luego exhala en 4 tiempos, sacando el aire por la boca, con los labios en forma de anillo, mientras la imagen del globo va desinflándose poco a poco.

Puedes practicar también con un libro sobre el abdomen, jugando a elevarlo y bajarlo conforme inhalas y exhalas.

Cuando el diafragma abre paso a los pulmones, hay mayor ventilación, captación de oxígeno, y al exhalar se limpian los pulmones. Además de que logras una mayor relajación del organismo por efecto de la estimulación del sistema nervioso parasimpático, que es el encargado de generar y conservar un estado corporal de descanso o relajación para ahorrar o recuperar energía.

Así, la formula es:

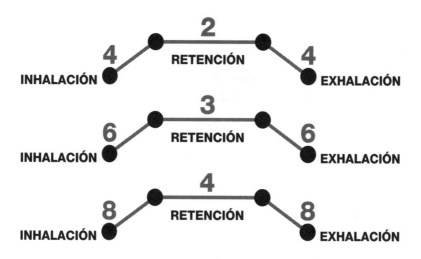

Una vez que hayas dominado esta técnica acostado, puedes practicarla sentado, de pie, y luego mientras caminas. Solo así lograrás incorporarla a tu vida cotidiana.

Con la práctica podrás aumentar el tiempo que dedicas tanto a la inhalación como a la exhalación. De 4 a 6 tiempos, y luego a 8, tomando en cuenta que debes retener el aire durante la mitad del tiempo que usaste para inhalar y exhalar.

EMISIÓN DE VOZ

Cada voz tiene un toque único, y ese toque es una mezcla del timbre, el tono, la intensidad y la cadencia.

Como verás, la idea ahora no es que modifiques tu timbre o tu tono, ya que estos dependen fundamentalmente de tu constitución fisiológica. En cambio, sí puedes ejercitarte para modular la intensidad (volumen) y la cadencia (velocidad) con que hablas.

Nuestra emisión de voz es posible gracias a que contamos con un **aparato fonador**, formado por la laringe, la faringe y la boca.

En la laringe se encuentran **las cuerdas vocales**, que al recibir el flujo de aire procedente de la respiración vibran emitiendo sonidos.

Lo grave o agudo de una voz es **el tono**, y ello depende de la vibración de las cuerdas vocales: cuanto más gruesas son las cuerdas, más despacio vibran, produciendo sonidos más graves. En las mujeres las cuerdas miden entre 14-18 mm, mientras que en los hombres van de 17-23 mm.

El timbre es el sonido particular de una voz, y depende de la constitución de las cuerdas vocales y de la manera en que vibran dentro de las cavidades de resonancia. El colorido del timbre, al ser único, es como nuestra marca individual.

CUIDA EL RITMO Y LA INTENSIDAD

Una vez que eres consciente de tu entonación, puedes empezar a imprimirle inflexiones a tu voz para darle énfasis a las palabras más importantes y sentido a lo que dices.

Introducir pausas en momentos clave y manejar el ritmo evita no solo que hables de manera plana y monótona, sino que también es expresión del temperamento del orador. Mientras que un ritmo acelerado transmite al auditorio la impresión de una persona nerviosa o entusiasta, un ritmo más lento da la idea de alguien más tranquilo.

Es por eso que un buen orador sabe perfectamente cómo subir o bajar la voz en los momentos adecuados, sabe cómo transmitir la emoción de tristeza con un tono mucho más bajo y mucho más lento, y la alegría y el entusiasmo con un tono fuerte y firme y a mayor velocidad. Es como la música que acompaña a una película: nos transmite miedo, drama, pasión, etcétera.

Tan solo con el volumen correcto y la palabra justa puedes hacer que tu público se conecte contigo. Y eso es muy poderoso.

Ante todo piensa que la oratoria es como una réplica de la vida. Imagínate qué pasaría si tu vida estuviera siempre llena de emociones fuertes, si cada vez que salieras de tu casa estuvieras a punto de ser atropellado por un coche o que de repente fuera a caerte un piano en la cabeza. Luego del tercer incidente tu cerebro ya se habría preparado y las situaciones de riesgo dejarían de causarte emoción.

Sin embargo, la vida real no es así, de repente puedes estar completamente tranquilo en tu trabajo y tu jefe te llama para decirte que te has ganado un ascenso y eso te llena de alegría, o todo lo contrario, puede ser que te enteres de la muerte de un ser querido y de repente caigas en la tristeza.

En estos casos tus emociones cambian de inmediato porque no estás preparado para recibir esas noticias. **Y así la vida como la oratoria tiene momentos altos y momentos bajos.**

Si al cerebro le hablas todo el tiempo con una gran intensidad en la voz, como sucedía con los oradores profesionales de los ochenta que se la pasaban todo el tiempo gritando, después de 20 minutos te dice ¡cállate! Porque si tú traes al cerebro todo el tiempo así, se vuelve loco. Y entonces se desconecta.

Hoy está demostrado que un buen orador no tiene que hablar siempre fuerte y con entusiasmo. Tú puedes bajar el volumen de tu voz, hablar despacio, tranquilo, pero si de repente lo mezclas con velocidad, si cambias los tonos, el efecto será bastante más poderoso.

ADÁPTATE AL PÚBLICO
Así, debes saber identificar los temas que debes exponer despacio y los que exigen rapidez.

Tú puedes construir una historia con solo introducir variaciones en tu voz.

Piensa que si estuvieras viendo una película en la que todo el tiempo estuvieran matando, matando, matando, de inmediato pensarías qué porquería de película. Pero si de repente están matando, de repente están charlando, de repente están haciendo el amor y de repente matan de nuevo, entonces tu cerebro pone atención. Un pico alto es más favorable por el pico bajo. Eso es lo que hay que entender, que muchas veces tienes que parar, bajar la intensidad de la voz, reducir la velocidad, para después aumentarlas.

Y aquí te estoy hablando de un concepto clave que es la calibración. Según Joseph O'Connor y John Seymour, la calibración es un término que viene de la Programación Neurolingüística, y que se refiere a la capacidad de detectar los cambios más sutiles del lenguaje no verbal de tus interlocutores.

Si aprendes a leer la postura, los movimientos de las manos, la mirada, la respiración, los gestos de las personas que te están escuchando, tendrás una guía para identificar si vas por buen camino y estás siendo capaz de mantener el interés y la atención del público, o si los estás aburriendo y es necesario que cambies de estrategia.

Es fundamental que tengas suficiente flexibilidad para adaptarte a las necesidades de tu público, que sepas cuándo es necesario hacer una pausa o introducir una metáfora. Y si realmente entrenas tu calibración y logras identificar las señales de tu público cuando se emociona, o cuando está a la expectativa o incluso enojado, te darás cuenta de que cada presentación tiene su propio pulso.

Esto resulta muy útil incluso si no tienes en mente convertirte en un orador profesional, y tan solo te interesa mejorar tu comunicación en todos los ámbitos de tu vida, ya sea en tu trabajo, con tu pareja o con tu familia.

Si entiendes las distintas posibilidades de manejar tu calibración, mejorarás la forma de comunicarte incluso cuando estás hablando con un niño. Los niños naturalmente tienen más energía que un adulto, y es por eso que no les puedes hablar plano, porque se aburren. Ellos son hiperkinéticos, así que al hablarles debes ir jugando con la intensidad de tu voz, intercalando altos y bajos, altos y bajos.

Pero recuerda que tampoco puedes hablarles siempre con intensidad, porque si en los adultos eso produce un impacto abrumador, en los niños lo que sucede es que los vas a acelerar más, y muchas veces lo que tienes que hacer es precisamente tranquilizarlos, pues muchas veces ellos no son capaces de tranquilizarse a sí mismos.

La calibración, pues, te permite ser consciente de que cuando hablas con tu jefe no vas a alzar la voz como harías cuando tu hijo ha hecho una travesura o cuando debes darle órdenes contundentes a un subordinado. Y mucho menos convendría proyectar la voz como si estuvieras ante un escenario formado por mil personas.

Ahora, ¿cómo saber a quién hay que hablarle de manera más rápida o más fuerte o más lenta o más tranquila? En realidad no hay una fórmula. Como se trata obviamente de un asunto de ensayo y error, la mejor forma de aprender a calibrar es la práctica.

CLAVES EXTRAVERBALES

> **"No** me **veas** con ese **tono** de **voz"**.
> —**Dorothy Parker**

Todo esto de lo que te he hablado forma parte de las claves extraverbales de una comunicación. El tono de voz, la entonación, el énfasis, junto con los elementos visuales como la expresión del rostro, los gestos, la postura, son señales que enviamos de manera inconsciente y que son una gran fuente de información.

Estos elementos extraverbales son tan importantes en la comunicación, que pueden dar una idea bastante precisa del sentido de un mensaje incluso si se desconoce el significado de las palabras. De ello nos habla Oliver Sacks en un relato titulado "El discurso del presidente", y publicado en *El hombre que confundió a su mujer con un sombrero*.

El famoso neurólogo estadounidense revela la sorpresa que le causó descubrir que en el pabellón de afásicos del hospital donde trabajaba, un grupo de pacientes se reía al ver en televisión un discurso del presidente Ronald Reagan.

Sacks se preguntó cómo era posible que estuvieran tan divertidos unos, recelosos otros y hasta enojados si la lesión cerebral (que afectaba el lóbulo temporal izquierdo) propia de su afasia los imposibilitaba para entender las palabras del presidente.

Pero la explicación es bastante simple: quienes sufren de afasia global tienen muy desarrollada la capacidad de captar la expresividad involuntaria de lo que se dice, es decir, el tono, el timbre, el sentimiento que acompañan a las palabras, y eso les permitió a sus pacientes comprender la mayor parte del sentido, independientemente de que no captaran las palabras.

Esta historia nos obliga a recordar que cuando se trata de comunicar emociones, es bien importante la congruencia entre lo que decimos con palabras y la entonación y el lenguaje corporal.

PRINCIPIO DOS

Tu cuerpo

"**Lo** más **importante** en la **comunicación** es **saber escuchar** lo que **no se dice**".
—**Peter Drucker**

La voz es un instrumento poderosísimo de la comunicación, ya que de ella depende el 38% de nuestro mensaje. Ahora, imagínate lo poderoso que es tu cuerpo si transmite el 55% del mensaje.

Lo primero que debes saber es que *todo comunica*. Al igual que las palabras y las acciones comunican, también el no hacer nada y los silencios comunican. Incluso la falta de atención influye en los demás, provocando respuestas.

En los sesenta, el psicólogo cognitivo estadounidense Joseph Luft, conocido en el mundo del *personal branding* por haber creado junto con Harry Ingham la Ventana de Johari, realizó un estudio para descubrir qué efectos tenía la falta de estímulos.

Luft le pidió a dos desconocidos que se sentaran frente a frente en una habitación, sin hablar y sin comunicarse. El resultado, que ambos compartieron en una entrevista posterior, fue que sintieron una gran tensión. Con lo que es un hecho que la comunicación no solo sucede de forma intencional y consciente, sino que el sinsentido, el silencio, la ausencia de movimientos (silencio postural), así como cualquier negativa a comunicarse *son* comunicación.

Igual podemos afirmar que no hay no-conducta, es decir, que es imposible *no* comportarse. Toda conducta en una interacción transmite un mensaje, *es comunicación*. Así, cuando alguien intenta no comunicarse, no puede dejar de hacerlo.

Por eso es fundamental que seas consciente de que desde el momento en que te subes a un escenario, todo tu cuerpo estará comunicando.

Por eso vamos a trabajar para que tu cuerpo no hable de forma inconsciente, que no transmita miedo ni inseguridad, sino confianza.

Tú puedes conseguir muchísimas cosas tan solo utilizando el cuerpo, haciendo señas y emitiendo algunos sonidos. Recuerda que el 93% de tu mensaje no está siendo comunicado por palabras, y esto significa que un buen manejo del lenguaje corporal y la entonación adecuada te ayudarán a transmitir con éxito tus ideas.

"El cuerpo humano es la mejor imagen del alma humana".
—Ludwig Wittgenstein

MEJORA TU ESTADO DE ÁNIMO

Ahora te voy a enseñar los elementos fundamentales para garantizar un adecuado uso de tu lenguaje corporal. Ante todo, es fundamental tener un buen estado de ánimo, que contagie de energía a nuestros interlocutores. Y aunque es verdad que no se puede cambiar el ánimo de la noche a la mañana, sí es posible trabajar día a día para sentirnos cada vez mejor.

No solo tu mente, sino también tu cuerpo, es clave en tu estado de ánimo. Tanto tus pensamientos como toda tu fisiología y tu postura se retroalimentan entre sí, y ambos mantienen y refuerzan tu ánimo. Así que **si quieres modificar tu estado de ánimo de forma duradera, lo primero es empezar por tu cuerpo.**

Seguramente has oído que para superar un mal estado de ánimo debes llenarte de pensamientos positivos, pero si el estado de ánimo negativo es muy profundo en ti, pensar positivo no va a ayudarte en nada, incluso te va a hacer sentir frustrado.

Una vez que hayas cambiado tu cuerpo, será posible que te abras a un pensamiento positivo. Para eso, te recomiendo estas técnicas físicas creadas por Reg Connolly, entrenador certificado en PNL y psicoterapeuta del United Kingdom Council, que te permitirán sentirte mejor. Intenta convertirlas en un hábito. Mientras más practiques, alcanzarás mayores beneficios.

1 Recorre tu cuerpo de la cabeza a los pies y ve detectando las áreas de tensión.

APRENDE A RELAJARTE

2 Luego, mueve y estira los músculos tensos, esa es una forma de comenzar a relajarlos.

3 Recuerda que la tensión se acumula principalmente en la cara, en cejas, músculos de los ojos y quijada, así que estíralos para aflojarlos.

4 Mientras, ve respirando de forma pausada.

Advertencia
La típica recomendación de que debes respirar profundamente no te ayudará en nada a calmarte.
La respiración rápida y profunda te da energía; va a hacer que te agites y acelerará tu pensamiento.
Solo una respiración poco profunda
→ te permitirá calmarte. ←

Una vez que has logrado aflojar tu postura y los músculos de la cara, puedes aplicar estos tips para mantener un buen estado de ánimo.

#1 **Aflójate.** Camina moviendo suavemente los brazos. También intenta cambiar a la postura opuesta lo más rápido que puedas: si estás sentado, párate y muévete rápido. Si estás caminando rápido, cálmate y siéntate, o acuéstate y respira muy despacio, o camina muy despacio.

La relajación hace que desde tu cuerpo se interrumpa el ciclo mente-cuerpo alimentándose de negatividad. En esta fase todavía no te vas a liberar del estado de ánimo negativo, simplemente podrás salir del *loop* entre fisiología y pensamiento, y ello te facilitará cambiar tu forma de pensar.

#2 ¡Camina como un niño!

¿Has visto cómo caminan los niños? Van rebotando, balanceando los brazos, moviendo las piernas desde las caderas, con la cabeza en alto y mirando a su alrededor. En cambio, la gente mayor arrastra los pies dando pasitos desde las rodillas y con la cabeza gacha.

La forma en que caminamos tiene un impacto poderoso en nuestros sentimientos. Cuando estamos contentos y entusiasmados caminamos con vitalidad y rebotamos. La gente deprimida deja que su postura se colapse, arrastra los pies y mira al suelo. Camina 5 minutos como si fueras un anciano. Y luego otros 5 minutos como niño. Registra qué efecto tuvo en ti cada tipo de caminata.

Para desarrollar una mejor manera de caminar, muévete un poco más rápido e intenta un ligero rebote o incluso da pequeños saltitos. Balancea las piernas desde la cadera y también balancea los brazos. Mientras caminas, ve a tu alrededor, sube la vista al cielo, e intenta no clavar la mirada en el suelo.

#3 Ojos sonrientes. Sonríe con toda la

cara, no solo con la boca. Es fundamental que aprendas a sonreír con los ojos. Deja que tu sonrisa vaya desapareciendo poco a poco, pero no por completo.

Cuando tu sonrisa incluye a tus ojos, provoca un ondulamiento hacia arriba de los músculos de tu párpado inferior. Mantén ese ondulamiento todo el tiempo para lograr unos ojos sonrientes. Puedes lograrlo subiendo ligeramente las comisuras de los labios mientras sonríes con los ojos.

Si lo haces una hora durante un par de días, descubrirás lo difícil que es seguir de mal humor.

TIP DE URGENCIA

¡CANTA!

Cantar te permitirá cambiar tu estado de ánimo inmediatamente. Escoge canciones alegres, con un ritmo vivo, y cántalas durante 5 o 10 minutos.

Tu estado de ánimo está cambiando gracias al fenómeno del anclaje de la PNL.

Cantar en voz alta

también hace que se bloquee tu diálogo interior, esa voz repetitiva (conocida como rumiación obsesiva) que te mantiene anclado a un estado de ánimo negativo.

EL ESCENARIO

La idea de entrar a un escenario completamente vacío puede resultarte intimidante y hasta aterradora. Mientras que un actor de teatro se encuentra con un espacio donde hay toda una escenografía montada y otros actores, el conferencista se encontrará cuando mucho con un pódium.

Para que no veas el escenario como un amplio espacio vacío, vamos a usar una diagramación que regula los movimientos de los actores en escena. Esto hará que en vez de ver un espacio inmenso, lo dividas en 6 cuadrantes:

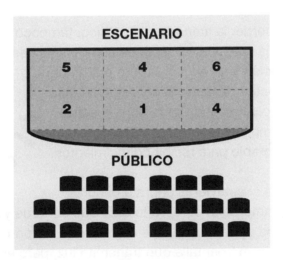

Como un conferencista está solo en el escenario, resultaría muy extraño que se desplazara por todos los cuadrantes, así que mi recomendación es que te muevas a lo largo del cuadrante 1, que es la zona más poderosa de todas. Además de concentrar tu energía en un punto, lo haces en uno en el que se producen los **movimientos fuertes**.

Es bien importante que durante una presentación nunca tengas los movimientos limitados. **Evita pararte atrás del pódium. También los micrófonos de mano, ya que anulan el 25% de tus movimientos.** Precisamente por esa razón el día en que decidí que me convertiría en un conferencista profesional, invertí en un muy buen micrófono, que dejara mis manos en libertad de movimiento.

Recuerda que las manos dan énfasis a tus palabras. No te digo que las muevas de manera exagerada, como tampoco es bueno que estés gesticulando constantemente, tan solo se trata de que uses tu lenguaje corporal para reforzar tus puntos de vista.

Para no perder la atención del público, tampoco permitas que la sala esté a oscuras, pues eso pone el peso en la presentación y no en ti, y seguro que tú no quieres pasar desapercibido. Además, una sala a oscuras manda al cerebro la señal de que empiece a dormitar, por lo que es poco favorable para recibir conocimientos.

Imagínate si estuvieras ahora a oscuras, inmediatamente tu cerebro te diría que es tarde y que es hora de dormir, en el cine no funciona así porque hay un enorme pantalla que transmite luz, pero en una conferencia donde solo está iluminado el que habla, es normal que quien está viendo sienta que se queda dormido, Y eso es lo último que quieres cuando estás hablando para un público.

TU POSTURA

Una vez que estás sobre el escenario, lo primero es que estés bien plantado, pues eso dará una sensación de seguridad. Párate con las piernas separadas a la altura de los hombros, y fija los talones sobre el piso, así lograrás estabilidad y firmeza.

Tus pasos también deben transmitir seguridad. Un andar firme se logra pisando primero con los talones, para colocar después toda la planta de los pies. Tus zapatos no tienen que ser elegantes, sino más bien cómodos. Caminar con comodidad te ayudará a proyectarte como una persona flexible.

Al desplazarte, también considera que cuando necesites dar énfasis a una expresión, debes realizar **movimientos fuertes:** desde cualquier área hacia el frente y al centro, o de los lados hacia el centro. En cambio, si necesitas bajar la energía, considera los **movimientos débiles:** del centro hacia atrás o del centro hacia los lados.

Otro elemento que debes cuidar cuando estás frente al público son tus brazos y tus manos. Cuando hablamos, nuestras manos se mueven automáticamente para reforzar lo que decimos.

Así que es
bien importante
que aprendas a
controlar las manos,
de lo contrario, expresarán
angustia o
inseguridad, sobre todo si eres
observado por una gran multitud de personas.

Es muy común que al sentirnos expuestos frente a un auditorio intentemos protegernos de las miradas, ya sea ocultando las manos en los bolsillos o cruzando los brazos. Peor todavía es dejar que nuestras manos hagan movimientos repetitivos de manera inconsciente; estos tics nos traicionan ante el público.

Uno de los problemas más frecuentes es no saber qué hacer con los brazos. Dejarlos caer a los costados puede hacerte sentir desnudo.

Aquí te recomiendo algunas posturas que te ayudarán a manejar tus brazos para darte equilibrio y seguridad, y que Judi James explica en su libro *La biblia del lenguaje corporal.*

Manos de medir

Ambas manos extendidas, con los codos flexionados en ángulo recto; las manos quedan rígidas y paralelas.

Gestos en campanario

Con los brazos doblados, junta las manos y haz que se toquen las yemas de los dedos a la altura del vientre. Los codos quedan a la altura de la cintura. Suele considerarse una postura de poder. Si diriges tus dedos hacia delante, transmitirás un mensaje positivo.

Hay dos variantes de la posición anterior:

Campanario ascendente

Los dedos apuntan hacia arriba, dando un mensaje de tranquilidad y concentración.

Campanario descendente

Los dedos apuntan hacia el suelo. Esta posición indica una escucha crítica.

Gestos de barrera

Cruzar los brazos o las piernas puede resultar muy útil cuando se necesita hacer una pausa para cerrar algo que fue muy contundente. Puede interpretarse como una señal de protección, pero aplicada esporádicamente es una señal de poder.

Exposición frontal

Con las manos tras la nuca y las piernas abiertas, dejas al descubierto el tórax, te desnudas por completo, con lo que das la imagen de despreocupación, lo que te pone como dueño de la situación, transmite una gran confianza y además una actitud reflexiva. Y de autoridad.

Manos en los bolsillos

Es un recurso muy efectivo si se usa cuando quieres dar la impresión de modernidad, elegancia y confianza en ti mismo.

Dar la espalda al público

Es una posición que anula la posibilidad de comunicar tus emociones. Es una posición cerrada que corta casi por completo la comunicación. Pero resulta muy útil cuando quieres dar un efecto dramático: te permite ocultar tus emociones o sentimientos, crear un toque de suspenso o dar una pausa antes de darle al público una pista importante. Como su significado es un intento de no comunicar, es imprescindible que su duración sea mínima y que sea un recurso que apliques de forma completamente consciente.

Un ejemplo que es interesante ver es el de Donald Trump. La manera en que utiliza el lenguaje no verbal, y sobre todo cómo lo hizo como candidato, fue muy interesante y resulta un gran aprendizaje.

Los invito a que hagan un experimento. Vean los debates que tuvo Donald Trump tanto en la precampaña republicana como en la presidencial ante Hillary

Clinton, pero háganlo sin volumen. Se darán cuenta del impresionante manejo del lenguaje corporal que tiene.

En un artículo de CNN, David Givens, el director del Center for Nonverbal Studies (Centro para Estudios No Verbales) en Spokane, Washington, analizó minuciosamente la manera en que Trump comunica con el cuerpo, y llegó unas conclusiones impresionantes.

"Cuando se trata de lenguaje corporal, nadie lo hace mejor. **Simplemente neutraliza a la oposición. Cuando sus opositores parecen ser 'rígidos', Trump es excepcional para comunicarse con su cuerpo. Nadie lo ha hecho así de bien desde John F. Kennedy o Mussolini".**

En el mismo artículo, Nick Morgan, experto en comunicación y autor del libro *Power Cues* (Señales de poder), explica con más de detalle los gestos que hace Trump para resaltar ese papel de "macho alfa" que tanto le gusta transmitir. Algunos ejemplos son:

• Cuando sus oponentes dicen algo que no le gusta, él frunce los labios, muy similar a la forma en que un padre podría fruncir el ceño cuando un niño se porta mal.

- Su voluminoso cabello también dice mucho, dando a entender que él no tiene miedo de hacerse notar.

- En los debates, Trump se inclinaba hacia delante en el atril, como si estuviera haciendo una flexión de brazos. Toda una demostración de poder.

- Hace gestos directos a la audiencia, con lo que vuelve la relación con ella mucho más personal de lo normal.

- Cuando hace estos gestos, por lo general tiene las palmas hacia arriba como diciendo: "Soy honesto, soy quien soy y pueden confiar en mí".

- Gira su torso completo hacia sus oponentes, en lugar de hacerlo solo con la cabeza o los hombros, lo que demuestra que no tiene miedo.

LA CIENCIA DETRÁS DEL LENGUAJE CORPORAL

El miedo a hablar en público es bastante común entre la gente. Según la encuesta sobre miedos de la Chapman University, en 2017 el 20% de los estadounidenses sienten miedo a hablar en público.

Una explicación de por qué está tan generalizado el miedo a hablar en público, procede de la teoría de la evolución. Darwin cuenta que un día, mientras estaba en el zoológico de Londres, pegó la cara al vidrio que lo separaba de una víbora venenosa. Cada vez que la víbora se le lanzaba, instintivamente él brincaba varios metros hacia atrás.

Esa reacción lo hizo reflexionar que, **a pesar de nuestra capacidad de razonamiento, los humanos continuamos reaccionando de acuerdo con nuestros instintos primitivos.** Se trata de la reacción de lucha o huida: una respuesta fisiológica a las amenazas, que prepara al animal para que se aleje del peligro o pelee.

Hoy en día difícilmente nos enfrentamos a la amenaza de una bestia salvaje, pero percibimos otros peligros propios de la vida moderna, como perder nuestra reputación o no ser aceptados, lo que nos resulta lo suficientemente angustiante como para provocar respuestas de lucha o huida, que se manifiestan como sensación de un nudo en el estómago, palmas sudorosas, latidos de corazón acelerados, boca seca, piernas temblorosas, hombros caídos, garganta cerrada, etcétera.

PÁNICO ESCÉNICO

La palabra *pánico* significa "concerniente a Pan". El dios griego acostumbraba recorrer los bosques de la antigua Grecia y esconderse entre el follaje para sorprender a sus víctimas. En cuanto las divisaba, agitaba las ramas, provocando aprehensión en los viajeros, que aceleraban el paso. Pan los rebasaba y volvía a hacer lo mismo. El miedo se incrementaba y la persona aceleraba el paso. El juego se repetía hasta que el viajero empezaba a respirar agitadamente, el corazón le latía con violencia y se alejaba corriendo, mientras sus propios pasos resonaban como si lo persiguiera un animal salvaje. Para coronar su diversión, el dios Pan hacía crujir las hojas, con lo que el viajero huía despavoridamente.

Fue Mark Twain quien creó el término *pánico escénico*. La descripción detallada aparece en la escena de fin de curso de *Las aventuras de Tom Sawyer*: Tom queda reducido a una gelatina cuando debe dar un discurso frente al público.

El pánico escénico transmite la sensación de estar completamente desprotegido y vulnerable. Según el teórico cultural británico, Nicholas Ridout, el pánico escénico es un fenómeno de la modernidad, que se inaugura en 1879 con la introducción de la electricidad en los teatros europeos, que abrió la posibilidad de oscurecer toda la sala dejando al actor aislado bajo los reflectores y viendo hacia un punto invisible.

Al estar bajo los reflectores, la sensación inmediata es de estar expuesto, desnudo y solo. De ahí que el rapero Jay-Z haya dicho que contra lo que la mayoría de las personas piensan, la costumbre de agarrarse la entrepierna, común entre los raperos, no es una vulgaridad sino un mecanismo de defensa. Los jóvenes que se suben a un escenario, algunos por primera vez en su vida, y se encuentran con un océano de fans, se sienten desnudos y muertos de miedo. "¿Y qué haces cuando estás desnudo? Te tapas".

Para casos fuertes de pánico escénico, hay quienes recomiendan el uso de beta-bloqueadores para la ansiedad. Sin embargo, el neurólogo estadounidense Oliver Sacks, pese a haber sufrido aceleración de los latidos, sudor de manos e incluso congelamiento de los dedos de manos y pies, cuenta que luego de un par de minutos de enfrentarse al público, comenzaba a disfrutar la experiencia.

En su opinión, **justamente esa tensión, aunque muy desagradable, es el requisito previo para desenvolverse bien después.**

Además de Sacks, son conocidos los casos de pánico escénico entre profesionales como Stanislavski, Laurence Olivier, Mahatma Gandhi, Thomas Jefferson, Abraham Lincoln, Warren Buffet, así como el actor británico Michael Gambon (el Dumbledore de Harry Potter), quien fue hospitalizado en dos ocasiones a causa de síntomas de pánico escénico.

QUÉ HACER PARA SUPERAR EL MIEDO

Si tu corazón late aceleradamente, se te agita la respiración y tus pensamientos se suceden de forma apresurada, cambia el término *ansiedad* por *emoción*. Según datos publicados en el *Journal of Experimental Psychology* (junio de 2014), las personas que conceptualizaron sus síntomas como *emoción* lograron un desempeño 20% mejor que quienes lo conceptualizaron como *ansiedad*.

"Si quieres entender a una persona, no escuches sus palabras, observa su comportamiento".
—Albert Einstein

**PRINCIPIO
TRES**

Tu ropa

"El alma de un ser humano está en su ropa".
—William Shakespeare

Tu vestimenta es una herramienta muy poderosa cuando te presentas en un escenario. No se trata de vestir con elegancia ni de utilizar trajes costosos, se trata de elegir un atuendo que deje hablar a tu cuerpo. Y para ello, el negro es el mejor aliado. Para ilustrar esto, te voy a contar por qué Steve Jobs se vestía siempre de la misma manera.

A principios de los años ochenta, cuando Steve Jobs apenas comenzaba con Apple, viajó a Japón para conocer al director de Sony, Akio Morita, y aprender un poco de él.

Cada vez que visitaba una empresa, el director de Apple solía recorrer distintos departamentos para conocer su manera de trabajar y el entorno en el que se desempeñaban sus empleados. Durante su visita a las instalaciones de Sony, Jobs se sorprendió al ver a todo el mundo vestido de la misma forma.

Obviamente, le preguntó a Akio Morita cuál era razón de que los empleados de una compañía tan prestigiosa utilizaran uniforme como si estuvieran en secundaria, y la respuesta resulta bastante interesante.

Después de la Segunda Guerra Mundial, la economía japonesa quedó tan arruinada que la mayoría de los trabajadores de la compañía no tenían ropa en buen estado para ir a la fábrica, así que la empresa tuvo que conseguir uniformes para evitar que los empleados fueran desnudos a trabajar.

Obviamente, con el paso del tiempo, la economía japonesa se empezó a recuperar y el personal ya tenía dinero para comprarse ropa. Sin embargo, Sony mantuvo la política de utilizar uniformes porque eso resultó ser un vínculo para todos los empleados de la compañía.

Jobs quedó muy impresionado con la historia y decidió implementar algo similar en Apple. Pero no tomó en cuenta las diferencias culturales que existen entre Estados Unidos y Japón, y cuando anunció la idea a sus trabajadores en Cupertino, lo único que recibió fueron abucheos. Por ello tuvo que abandonarla. Aunque no por completo.

Había quedado tan impresionado que decidió pedirle al mismo diseñador que había creado los uniformes para Sony, que le hiciera uno a él mismo, uno que representara sus principios de simplicidad y buen gusto. Y así fue como Steve Jobs empezó a vestir su famoso suéter negro de cuello de tortuga, que no lo abandonó hasta el día de su muerte.

> **"La simplicidad es la forma última de la sofisticación".**
> **—Leonardo da Vinci**

Esta historia aporta una explicación razonable a lo que podría entenderse como un simple capricho. En mi caso, yo visto de negro por razones obviamente distintas. Desde la perspectiva de la neuro oratoria, nos interesa resaltar la cara y las manos, que de todo el cuerpo son lo que más comunican, y el negro es el color ideal para proyectarlas a un primer plano.

El negro es tan poderoso para dar una conferencia, que los mejores oradores del mundo se visten de negro.

El negro

En *Quora*, una página que responde innumerables preguntas en la red, el *flâneur* Gerard Briais da una explicación bastante detallada de la tendencia a vestir de negro.

El negro ya no está asociado al duelo o la tristeza. Es un color para usar si uno quiere ejercer poder sobre los otros, sentirse seguro o concentrarse.

El negro es teatral. No deja indiferente. Provoca, pero no es necesario ser gótico para vestirse de negro. Hay maneras muy chic de hacerlo. Todo depende del corte y la calidad de la tela.

El negro es también sinónimo de elegancia y de simplicidad. Porque el negro es sentido como un color neutro que no expresa sentimientos apasionados.

Además, muchos son los que se visten de negro para camuflarse. Se esconden detrás de este color que es eficaz para borrar los defectos. Los artistas aparecen en escena frecuentemente vestidos de negro.

Todos los parisinos saben que el negro es perfecto para estilizar su silueta y ocultar las imperfecciones. Por otra parte, la ropa negra combina bien con todas las pieles, y con cualquier color de cabello.

En el Kabuki, el tradicional teatro japonés, hay un grupo que siempre se viste de negro, los tramoyistas, en japonés *kuroko*, nombre que significa "persona negra". Ir de negro de los pies a la cabeza les permite ser invisibles en el escenario. Así pueden realizar cambios de escenografía sin interferir en el desarrollo de la obra.

El negro también tiene una historia en el mundo de la moda. Las innumerables publicaciones que tratan de responder a la pregunta de dónde proviene la moda de vestir de negro, coinciden en que es un color que transmite poder, control e importancia a quien lo viste, y por ello se asocia con elegancia, autoridad e individualismo.

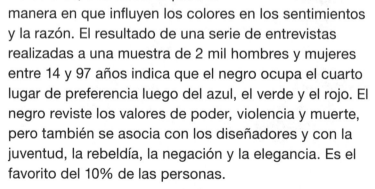

En un libro titulado *Psicología de los colores,* Eva Heller explica la manera en que influyen los colores en los sentimientos y la razón. El resultado de una serie de entrevistas realizadas a una muestra de 2 mil hombres y mujeres entre 14 y 97 años indica que el negro ocupa el cuarto lugar de preferencia luego del azul, el verde y el rojo. El negro reviste los valores de poder, violencia y muerte, pero también se asocia con los diseñadores y con la juventud, la rebeldía, la negación y la elegancia. Es el favorito del 10% de las personas.

No importa cuál sea tu color favorito, en el escenario siempre debes vestir de negro, azul marino, morado. Utiliza colores sobrios. Nunca vayas a dar una conferencia con estampados, porque lo que tú quieres es que tu público le ponga atención a tu cara y a tus manos, y las flores, garigoleados o rayas son altamente distractores, pues hacen que las miradas salten de tu cara a tu camisa.

Además, si te remangas la camisa, vas a dejar al descubierto los antebrazos, con lo que aumentarás el poder de comunicación de tus manos.

Y si lo haces cuando ya estás arriba del escenario, también lograrás transmitir dinamismo y la idea de que estás listo para la acción.

Obviamente no es necesario que como yo siempre vistas de negro. Ese es mi estilo y a mí me ha funcionado, pero tú tienes que encontrar tu propio estilo. Para presentaciones más personales, ante equipos de trabajo reducidos, conviene que uses la gama de colores que mejor combinen con tu tono de piel. Para este fin, incluyo una guía de colorimetría, preparada por el especialista en imagen Alfred Jan Díaz.

IDENTIFICA

 **CÁLIDO** —————————————————

PIEL ⃝ dorada ⃝ bronceada ⃝ amarillenta
⃝ moreno dorado ⃝ apiñonado

CABELLO ⃝ dorado ⃝ cobrizo
⃝ castaño claro ⃝ castaño medio

OJOS ⃝ verde ⃝ ámbar ⃝ café claro

- **Nota de interpretación**: perteneces a la categoría en la que tengas al menos dos características.

QUÉ **DIFERENCIAS** hay entre
una persona **CÁLIDA** y una **FRÍA**

Las personas **CÁLIDAS** poseen un tono amarillo o dorado en la piel	Las personas **FRÍAS** poseen tonalidades azules o rosadas en la piel.

SI ERES...

FRÍO

PIEL ● blanca ● rosácea ● negra
● moreno mate

CABELLO ● negro ● rubio platinado
● castaño oscuro ● entrecano ● cano

OJOS ● café oscuro ● azul
● gris ● violeta ● negro

TIPS PARA DESCUBRIR si eres
CÁLIDO o FRÍO

La prueba del sol	Tus venas
Si cuando te da el sol te pones rojo y al día siguiente eres rojo o ya no tienes color, eres una persona FRÍA. Si te bronceas y el color te dura mucho tiempo, seguro eres una persona CÁLIDA.	Observa tus muñecas. Si tus venas son azules o violáceas, tu tono de piel es FRÍO. Si son verdes, eres CÁLIDO.

ENCUENTRA

PRIMAVERA

PIEL
- ○ dorada ○ amarilla ○ porcelana
- ○ marfil dorado ○ beige dorado

CABELLO
- ○ dorado ○ rubio ○ cobrizo ○ castaño claro

OJOS
- ○ verde ○ café claro ○ azul-verde
- ○ azul brillante ○ verde brillante

VERANO

PIEL
- ● pálida ● rosada ● muy blanca y rosada
- ● beige rosado ● marfil rosado

CABELLO
- ● rubio cenizo ● rubio muy claro
- ● café claro con tonos rojos

OJOS
- ● gris ● azul grisáceo ● azul

TU ESTACIÓN

OTOÑO

PIEL
- ○ morena que se broncea fácilmente
- ○ beige-dorada ○ bronce ○ aceituna

CABELLO
- ○ café ○ castaño medio a oscuro
- ○ rubio dorado oscuro ○ pelirrojo oscuro

OJOS
- ○ miel ○ café ○ ámbar aceituna ○ verde esmeralda

INVIERNO

PIEL
- ● muy blanca ● morena ● apiñonada

CABELLO
- ● negro ● castaño oscuro ● entrecano
- ● canas plateadas

OJOS
- ● negro ● café oscuro ● azul muy brillante
- ● violeta

PONTE LO QUE

PRIMAVERA

Tu aspecto

Eres primavera si tus facciones son suaves y no tienes mucho contraste. Tu **PIEL** es cálida y traslúcida, con tonalidades que van de porcelana al marfil y beige, y con mejillas rosadas.

Los **CABELLOS** primavera son dorados, rubios o cobrizos.

Los **OJOS**, verdes, café claro, verde azulado, o verdes o azules muy brillantes.

Evita a toda costa

Colores oscuros, con mezclas de azul. También los colores opacos.

Negro y blanco pueden llegar a contrastar mucho con el tono de tu piel, lo que resulta muy poco favorecedor.

Te recomiendo

Vestir tonos pálidos pero cálidos: blanco *ivory*, marfil, *champagne*, perla *nude*, amarillo, naranja cálido, lila, coral, rojo cálido. También las tonalidades en durazno, celeste, rosa salmón, turquesa, coral, así como dorados, marrones, camellos, verde césped y verde menta. El azul marino es tu opción para sustituir al negro.

Accesorios

Dorados

TE **FAVORECE**

VERANO

Tu aspecto
Eres verano si tus facciones son suaves y tu **PIEL** es pálida y con bajo contraste, ya sea rosada, marfil o beige clara. Las personas verano suelen ser muy blancas.

Los **CABELLOS** verano son rubio cenizo, rubio muy claro o café claro con tonos rojizos.

Los **OJOS** tienden
a ser de un color sólido, como grises, azul o azul grisáceo.

✖ Evita a toda costa
Colores muy oscuros como el negro. Y los colores eléctricos o saturados, los naranjas y los cálidos, dorados, cafés, ocres, así como los altos contrastes.

✔ Te recomiendo
Los colores pastel y los tonos neutros, como el blanco, gris perla, rosa pastel, azul pato, azul pastel, verde menta, amarillo hielo, lavanda, rojo azulado, frambuesa y *champagne*.

El gris oxford es tu opción para sustituir el negro.

✔ Accesorios
Plateados

PONTE LO QUE

OTOÑO

Tu aspecto

Eres otoño si tus facciones son marcadas y tu **PIEL** es morena y se quema fácilmente bajo el sol. En esta categoría entran las tonalidades beige dorada, bronce, aceituna.

Los **CABELLOS** otoño van del castaño oscuro al medio, rubio dorado oscuro, pelirrojo oscuro. Y los **OJOS**, color miel, café o verde, siempre mezclados entre sí, como sucede con el café verdoso.

❌ Evita a toda costa

Colores fríos como azul, grises. Y también colores vivos.

Tanto el blanco como el negro absolutos pueden dar un aspecto muy pálido a los otoño.

✔ Te recomiendo

Todos los colores tierra: café, beige, naranja oscuro, camello, dorado, verde olivo. También verde oliva, verde bosque, verde musgo, rosa salmón, mostaza, azul turquesa, aguamarina, naranja intenso, rojo quemado, rojo-naranja, rosa con alto contenido de amarillo.

✔ Accesorios

Dorados

TE **FAVORECE**

INVIERNO

Tu aspecto

Tienes una colorimetría fría, oscura, brillante, llena de contraste y facciones oscuras y profundas, muy marcadas y contrastadas. Los invierno combinan una **PIEL** pálida con **CABELLOS** oscuros: negro, castaño oscuro, entrecano o plateado (las canas generalmente son color plata). La **PIEL** puede ser o muy blanca o morena o apiñonada. Y los **OJOS**, negros, café oscuro o azul muy brillante o violeta.

✖ Evita a toda costa
Colores mate, opacos, ocres, verde olivo y militar, así como naranja, beige, dorados, marrones.

✔ Te recomiendo
Blancos fríos (blanco nieve), negros absolutos, grises, azul marino, rosados brillantes (rosa mexicano), morado. También verde lima, verde esmeralda, magenta, azul marino, rosa chicle, rojo pasión, azul brillante, carmín, caoba y verde pino.

✔ Accesorios
Plateados

Crearte un estilo propio no significa vestir de rosa fosforescente. Tienes que pensar qué quieres transmitir con tu ropa, entender que lo importante cuando hablas eres tú y no lo que traes puesto. Mi sugerencia de evitar estampados llamativos, escotes provocativos, accesorios recargados o minifaldas es que tengas en cuenta que nadie va a poner atención a lo que dices si está pensando en cómo te ves.

"Estilo es **saber quién eres,** lo que **quieres decir,** y que **no te importe** un **comino".**
—Orson Welles

LA CIENCIA DETRÁS DE LA ROPA

Ahora que seguro ya tienes claro lo importante que es saber vestirte para conseguir tu objetivo, te voy a dar la explicación de por qué es tan importante usar la ropa correcta en el momento justo.

Vestir de negro es útil al orador que quiere proyectar ausencia en el escenario y destacar a un primer plano la comunicación de cara y manos.

Pero **hay estudios recientes que dejan claro que según las circunstancias hay que elegir distintos atuendos para tener éxito.**

Un estudio de 2015 publicado en la revista *Social Psychological and Personality Science* pidió a los participantes que se vistieran con ropa formal o casual antes de hacer unas pruebas cognitivas.

El resultado es que ir de traje y corbata ayudó a los individuos a mejorar su pensamiento abstracto, un elemento muy importante para la creatividad y para diseñar estrategias a largo plazo. ¿Sabes por qué? Porque quienes usan traje se sienten más poderosos y en consecuencia desarrollan más capacidad para realizar procesos mentales que ellos mismos relacionan con el poder.

Del mismo modo, un estudio de 2014 publicado en el *Journal of Experimental Psychology: General*, reveló que vestir informalmente puede llevar a malos resultados a la hora de negociar con otras personas.

En el experimento, los investigadores dividieron a los entrevistados en tres grupos: de traje, de ropa casual, de pants y sudadera. Luego los pusieron a negociar con otras personas que no tenían idea que estaban siendo objeto de estudio. El resultado: quienes vestían formalmente tuvieron mejores resultados, mientras que quienes estaban vestidos con ropa deportiva registraron niveles de testosterona bastante bajos.

Para concentrarte mejor, lo ideal es ponerte una bata de laboratorio, según consta en un estudio publicado en 2012 en el *Journal of Experimental Social Psychology*.

Los sujetos que participaron en él cometieron la mitad de los errores cuando tenían puesta la bata. Además, a quienes les dijeron que su bata era de doctor tuvieron mejores resultados que quienes usaron la misma prenda creyendo que se trataba de la bata de un pintor.

En resumen, tienes que entender que la idea de tu ropa para comunicar es precisamente esa, comunicar. No se trata de impresionar a nadie con tu *look* ni de llamar la atención solo porque sí.

Tu Power Point

"La **tecnología** no es **nada.**
Lo **importante** es tener **fe** en las
personas, que sean **básicamente
buenas** e **inteligentes.** Y si les **das
herramientas,** harán cosas
maravillosas con **ellas".**
—**Steve Jobs**

Me ha pasado muchas veces que veo una conferencia y
aparece el orador muy elegante, vestido de traje
y corbata, lleno de seguridad. Y al lado suyo, en la
pantalla, está su presentación, con un logotipo animado
y una foto increíble en altísima resolución.

Y entonces empieza: "Ahora les voy a mostrar estas
gráficas de última generación, y después van a ver un
video en 4K que grabé en mi última visita al Ártico y
luego quiero compartirles unas fotos de Instagram que
se volvieron súper virales…".

Yo veo esas presentaciones y siempre me quedo "wow, qué imágenes increíbles, qué bien sabe usar la tecnología, que entretenido está su video, cuántos colores, cómo habrá hecho esas animaciones".

Y después, cuando termina la exposición, me pregunto de qué se trató. ¡Y no recuerdo nada! De todo lo que dijo no me queda grabado ni el 10%. Ah, eso sí, su presentación fue la mejor que he visto en mi vida, pero de qué sirvió. De nada, porque lo que él quería era impresionar, no comunicar.

El problema es que, en oratoria, se trata precisamente de comunicar ideas, de compartir con el público algo nuevo, algo que pueda ayudarle en su vida; no se trata de impresionarlo con hermosas imágenes y un sonido envolvente. Para eso está el cine y también las grandes series de televisión. Nosotros lo que queremos es que nuestro público se enfoque solamente en una cosa, en nuestras ideas. Y solo hay un medio para transmitir esas ideas: tú.

Por supuesto, no quiero decir que no debas hacer una presentación, sobre todo si te parece que necesitas material de apoyo en tu conferencia. Lo que tienes que entender es que tu presentación es una herramienta de la oratoria, y que puede ser realmente útil siempre que no te robe el show.

¿CÓMO PRESENTAR EL TEXTO?

Tu presentación debe ser lo más sencilla posible. Usa Power Point. No Prezi ni Flash; esos son demasiado bonitos, pero solo sirven para que el público diga wooow, pero tanta animación no los dejará concentrarse en lo que tú dices.

"Nos convertimos en lo que **contemplamos. Formamos** nuestras **herramientas** y luego **nuestras herramientas** nos **forman** a **nosotros".**
—Marshall McLuhan

Yo en mis presentaciones uso fondo negro con letras blancas, por la misma razón por la que recomiendo vestir de negro en el escenario: el negro lanza los enunciados a un primer plano.

Además, cada cuatro o cinco diapositivas introduzco un fondo rojo, que hace que tu cerebro despierte, y como además es un color de fuerza y actividad, es muy bueno para resaltar ideas. Luego de otra serie de diapositivas con fondo negro, meto un fondo blanco, que es como hablar en voz baja y sirve como descanso.

Es bien importante que haya un alto **contraste** entre el **color de fondo** y el de la **tipografía.**

Recuerda que entre menor sea el contraste, los enunciados serán menos legibles. Fondos oscuros con letras blancas, y fondos blancos con letras negras.

Las letras rojas se leen mal, y si las pones sobre fondo negro, se desvanecen. Tampoco es conveniente combinar colores de igual intensidad, como rojo con verde, y menos aún tonos similares, como verde con azul.

La selección de letras es clave. Ante todo, **no cometas el error de hacer de tu presentación un collage de fuentes,** ya que solo provocarás que el cerebro de tu público ponga atención a la forma y no al contenido. Yo siempre uso helvética, y ahora que leas la historia de esta tipografía sabrás por qué.

HELVÉTICA

La helvética es una tipografía neutral, sin serifas (adornos, remates y patines). Creada en 1957, en plena época de posguerra; pese a que se pretendía que estuviera desprovista de personalidad, rápidamente se convirtió en insignia de la ruptura con las tradiciones y en la mirada puesta hacia el futuro.

El afán por romper con las convenciones sociales se reflejó en un diseño gráfico orientado hacia el minimalismo, con espacios en blanco y libre de ornamentos innecesarios.

Sarah Hyndman, diseñadora gráfica que se ha dedicado a estudiar las personalidades de las fuentes, señala que la helvética tiene una personalidad emprendedora, idealista, de seguridad en sí mismo, moderna, creíble, calmada, confiable. Responsable y objetiva, apunta a quienes valoran la estructura y el orden, y podría identificarse con personajes como George Washington, Rockefeller y Henry Ford. Usar helvética es similar a llevar los zapatos de trabajo apropiados. Entre los diseñadores tiene fama de ser intelectual, inteligente y elegante. Propia de los encabezados serios, de la publicidad, las noticias, los instructores y los científicos computacionales. Y se ha comprobado que las señales viales que advierten de peligros son más efectivas cuando están escritas en esa fuente.

Se dice de ella que sirve de vehículo invisible a las palabras, ya que no añade ningún sentido propio. Como una galleta de agua que resulta ideal para combinar con los alimentos sin modificarles el sabor. Una letra desabrida pero no intrusiva.

Actualmente está en todos lados, lo mismo en el metro de Nueva York que en las declaraciones de impuestos estadounidenses, y al ser la preferida de compañías como Microsoft, Apple e Intel, se refuerza su asociación con la tecnología y la innovación.

Arial es una variante de helvética, encargada por Microsoft con algunas pequeñas variaciones, lo que le han permitido tener su propia versión de la fuente sin pagar por la licencia.

La idea no es que hagas tu presentación exactamente igual que la mía. Lo importante es que una vez que hayas entendido los principios detrás de lo que estoy diciendo, puedas aplicarlos a tu manera.

USA INFOGRÁFICOS

Tienes que ser muy sobrio en tu presentación. Parte importante de la sobriedad te la va a dar el uso de helvética, pero también es importante que nunca satures tu presentación de fotos e imágenes, porque el efecto sería igual que usar Prezi.

Y mucho menos llenes las diapositivas de datos. El cerebro se desconecta cuando ve diapositivas con Excel o gráficas llenas de cifras y porcentajes. Una manera muy simple de dar la vuelta a la típica gráfica circular (gráfica tipo tarta) es seleccionar una imagen representativa del dato del cual estás hablando y dividirla según los porcentajes que quieres presentar.

Ahora, te voy a mostrar dos gráficos realizados a partir de los mismos datos, para que puedas contrastar el impacto de cada uno de ellos:

MATERNIDAD EN MÉXICO

El nivel global de maternidad bajó a 2.21 hijos por mujer

32.7 millones de mujeres tienen al menos un hijo.

Entre 2011 y 2015 el promedio de nacimientos es de 2.47 millones, 456 mil 504 son de menores de 19 años.

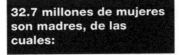

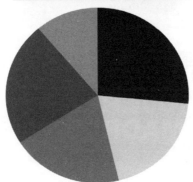

- 19.6% tiene un hijo
- **26.7% tiene dos hijos**
- 22.5% tiene tres hijos
- 11.5% tiene cuatro hijos
- 19.7% tiene cinco hijos o más

MATERNIDAD EN MÉXICO

32.7 millones de mujeres tienen al menos un hijo.

2.21 HIJOS por mujer

19.7% tiene cinco hijos o más

26.7% tiene dos hijos

19.6% tiene un hijo

22.5% tiene tres hijos

11.5% tiene cuatro hijos

32.7 MILLONES DE MUJERES SON MADRES

entre 2011 y 2015

el promedio de nacimientos es de 2.47 millones, 456 mil 504 son de menores de 19 años.

Usar infográficos
para apoyar tus datos va a proporcionar al cerebro imágenes vívidas que son
altamente conectivas.

Recuerda que el cerebro no piensa ni en palabras ni en números, piensa en metáforas. Por ello, es bien importante que en lugar de hacer gráficos de tablas, de barras, de líneas o circulares, practiques para presentar tu información mediante infografías.

Una infografía es una imagen que enlaza los datos con el diseño, con el fin de ayudar a comunicar mensajes de forma concisa a la audiencia. Los infográficos, *informational graphics,* son muy útiles en el marketing moderno. Son herramientas que te permiten visualizar datos o ideas de un solo golpe de vista.

"No es lo que **tú tienes,** sino **cómo** lo **usas,** lo que **marca** la **diferencia".**
—Zig Ziglar

LA CIENCIA DETRÁS DE LAS METÁFORAS

A lo largo de la historia, la gente consideraba las metáforas como una simple manera de adornar el lenguaje. Pensaban que no tenían mayor utilidad que hacer que poetas y cuentistas escribieran más bonito y nos entretuvieran más.

Sin embargo, en un libro de 1980, *Metaphors We Live By* (Las metáforas por las que vivimos), el lingüista George Lakoff y el filósofo Mark Johnson demostraron que en realidad **las metáforas son una herramienta fundamental del lenguaje, y tan importantes que el ser humano no puede vivir sin ellas.**

Para demostrarte lo que propusieron estos científicos, lee en voz alta esta expresión: "Voy a cortar esta manzana".

¿Qué imagen te vino a la cabeza mientras la leías? Sin duda te viste cortando la fruta.

Ahora lee esta expresión: "Voy a cortar con esta relación".

Apuesto a que no te viste cuchillo en mano cortando a la persona con la que tienes una relación.

Obviamente, en el segundo caso *cortar* es "terminar", y aunque no seamos conscientes de ello, esa expresión es una metáfora, ya que usa un verbo que literalmente significa "partir un objeto" para referir al fin de un vínculo con otra persona.

"La metáfora es probablemente el poder más fértil que posee el hombre".
—José Ortega y Gasset

Y así usamos metáforas para todo. Por ejemplo, muy comúnmente pensamos en cosas que van a pasar en el futuro como algo que está "adelante", pero en la práctica esto es solo porque pensamos en el tiempo de manera física, como si lo viéramos, cuando en realidad está solo en nuestras mentes. O hablamos de que el dólar subió o bajó como si se moviera hacia arriba o hacia abajo, cuando en sentido estricto aumenta o disminuye su valor.

Ahora, ¿cómo reacciona nuestro cerebro cuando usamos metáforas? La respuesta está en un experimento cuyos resultados se publicaron en 2011 en el *Journal of Cognitive Neuroscience*. El psicólogo Rutvik Desai comprobó que cuando se trata de una metáfora poco común, esta se entiende de manera literal. Así que si usamos la expresión "esa chica me bateó", nuestro cerebro pone en acción el área que usaría cuando un beisbolista batea una pelota.

Sin embargo, cuando se trata de una metáfora que ya está totalmente integrada en nuestro lenguaje, como "ha pasado momentos duros", el cerebro entiende que los términos no significan lo mismo y no se imagina un objeto duro sino que automáticamente se trata de una manera de decir que es una situación difícil.

En realidad, la cosa es más complicada de lo que parece, pero es muy interesante entender por qué las metáforas son tan importantes, y por qué te recomiendo usarlas. A final de cuentas, son herramientas que los seres humanos usamos todos los días casi sin darnos cuenta. Imagínate el éxito que puedes tener si aprendes a usarlas a tu favor.

Reto 1 ¡Dilo con imágenes!

Este ejercicio está pensado para que empieces a hablar en imágenes. Así que te propongo tres enunciados para que los transformes en imágenes.

1. ¡ALCEMOS LA VOZ!

2. ¡CREA UNA MENTE MILLONARIA!

3. ¡ROMPE CON TU ZONA DE CONFORT!

Una idea de metáfora para cada frase viene en la siguiente página.

Metáfora visual por cada enunciado

1.

2.

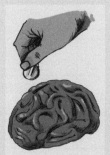

3.

Reto 2

¡Transforma los gráficos en infográficos!

Ahora te presento un reto un poco más complejo. Se trata de crear una infografía a partir de la serie de datos que aquí enlisto:

RELACIÓN DE PRECIO DE LA NARANJA CADA CINCO AÑOS

Año	Precio
1990	$2.97
1995	$5.93
2000	$15.70
2005	$19.20
2010	$25.30

Quiero que veas la diferencia que hay entre ver el típico gráfico de barras, que suelen presentar los ponentes, y otro que, aunque transmite la misma información, permite conectar mejor con el cerebro.

Incremento quinquenal del precio de la naranja (México: datos en pesos)

Fuente: Elaboración propia con datos de Felipe Torres Torres (2014)

Date cuenta cómo tiene más impacto para la gente común pensar en cuánto ha decaído su capacidad de comprar esta fruta básica para el desayuno, que ponerse a pensar en un aumento de precios que no está anclado a su experiencia cotidiana.

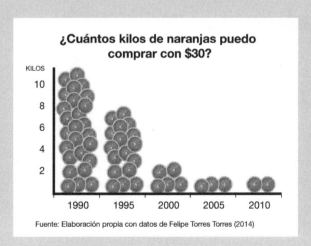

¿Cuántos kilos de naranjas puedo comprar con $30?

Fuente: Elaboración propia con datos de Felipe Torres Torres (2014)

TIP: antes de cualquier presentación te propongo revisar esta lista

Checklist para antes de una presentación

- MICRÓFONO

- PROYECTOR

- LAPTOP

- ILUMINACIÓN

- BATERÍAS EXTRA

- AGUA

- KLEENEX

- MONITOR DE LECTURA

- APUNTADOR

- TABLETA PARA GRAFICAR

**PRINCIPIO
CINCO**

Tu tiempo

"El tiempo es realmente el único capital que tiene el hombre, y lo único que no se puede dar el lujo de perder".
—Thomas A. Edison

El spam de atención, esa idea de que el tiempo máximo que un ser humano puede estar verdaderamente atento es de 15 minutos o 18 minutos o 45 minutos, se ha repetido como un mantra pero, hasta el momento, los investigadores no logran ponerse de acuerdo sobre cuál es el lapso en que verdaderamente puede estar atento un ser humano.

Hay quienes sugieren que la atención sostenida después de haber introducido un tema es de entre 20 y 45 minutos. La atención sostenida, de alerta o vigilante es el tipo de atención que podemos mantener enfocada y alerta durante períodos largos. Luego baja, pierde intensidad y nos distraemos fácilmente.

Hay estudios sobre pérdida de atención que sostienen que el período de concentración o alerta de la atención sostenida ha decrecido por el bombardeo de información a través de los medios, de internet y el deseo de estar siempre conectado. En cambio, en opinión de Gemma Briggs, profesora de psicología de la Open University, es una idea errónea difundida a través de varios medios de comunicación, ya que al investigar el fenómeno de la atención entre choferes y testigos de un crimen, encontró que todo depende del tipo de tarea que se esté realizando.

La historia contemporánea nos ofrece numerosos ejemplos de buenos oradores. Algunos son recordados por el impacto que causaron sus magníficos discursos, y otros lograron cautivar a sus audiencias ¡por horas! En 1940, Sir Winston Churchill pronunció su discurso "Sangre, esfuerzo, lágrimas y sudor", volcando en 5 minutos toda la fuerza de su política hacia los nazis: "hacer la guerra con todas nuestras fuerzas y con toda la fuerza que Dios nos puede dar; hacer la guerra contra la más monstruosa de las tiranías de la historia de la humanidad".

O el inspirador discurso de Martin Luther King, "Yo tengo un sueño", en el que durante 18 minutos habla sobre un futuro en el que haya armonía racial en los Estados Unidos.

Y el discurso de 40 minutos del presidente Ronald Reagan, que pasó a la historia en el momento en que cayó el muro de Berlín. Es el discurso en que el presidente Reagan desafía a Gorbachov, a espaldas de la puerta de Brandemburgo: "Abra usted esta puerta, derribe usted este muro".

Y no podemos olvidar a Fidel Castro, que en 1998, al ser reelegido presidente habló durante nada menos que 7 horas y 15 minutos.

Aunque es verdad que hay oradores natos, capaces de embelesar a su audiencia durante una hora, pues son oradores capaces de encantar con su gran carisma y con el poder de su mensaje, obviamente nosotros no queremos arriesgarnos a secuestrar a nuestra audiencia con un discurso interminable.

Y aunque es de sentido común saber que no conviene hablar dos horas seguidas sin descanso porque matarás de aburrimiento a tu audiencia, no basta con hacer uso del sentido común.

Para ello, **hay que tener en cuenta la experiencia de quienes nos proporcionan fórmulas exitosas** sobre el tiempo que resulta pertinente hablar en público.

Veamos las Charlas TED, en las que el tiempo es un parámetro fundamental. Su director, Chris Anderson, autor de la *Guía oficial de TED para hablar en público*, aclara que el límite de duración de 18 minutos garantiza, por un lado, mantener la atención del público, y por el otro, hace que sean tan precisas como para que se las tome en serio. Además, ese tiempo permite extenderse lo necesario para expresar ideas importantes.

Desde luego que no se trata de una medida estándar, pues hay charlas buenísimas que solo duran 3 minutos. Por ejemplo, aquella en la que el investigador Richard St. John condensa años de entrevistas y en tan solo 3 minutos revela el secreto para tener éxito, o la de Matt Cutts, ingeniero de Google, que demuestra los beneficios de intentar hacer algo nuevo por 30 días.

La idea de aprender a limitar el tiempo y evitar extenderse innecesariamente es un método que se utiliza en las presentaciones de trabajos en congresos y reuniones científicas. Se trata de fijar ciertos minutos para la presentación y otros para la discusión. El método perfeccionado se llama Three Minute Thesis (3MT®), y es una marca registrada.

3MT® desafía a los jóvenes investigadores para presentar su tesis o investigaciones complejas en un lenguaje adecuado para una audiencia no especializada en 3 minutos y una sola diapositiva, un Power Point estático. Este método se originó en la Universidad de Queensland, Australia, en 2008, y luego se extendió a otras universidades de Australia, Nueva Zelanda, Canadá, Estados Unidos y Hong Kong.

Pero no todos ni en cualquier circunstancia tenemos que limitarnos a hablar en tan solo 3 o 18 minutos. Las pláticas TED, por ejemplo, están pensadas tanto para el público que asiste como para transmitirse en internet, y sobre todo hay que considerar que sus ponentes no interactúan con el público, salvo por las risas y por los aplausos.

Pero no todos tienen que ser iguales. Vean por ejemplo a Tony Robbins, sus conferencias van de 30 minutos a hora y media, y nunca pierde la atención del público.

Yo en mis conferencias hablo 30 minutos, 40 minutos, una hora, y si se trata de un taller hora y media o el doble, pues la gente paga para escucharme a mí pero también quiere participar, compartir, interactuar.

CÓMO DISTRIBUIR EL TIEMPO

Que una plática sea breve no implica un menor tiempo de preparación, sino todo lo contrario. Como recuerda Chris Anderson, cuando al expresidente Woodrow Wilson se le preguntó sobre el tiempo que tardaba en preparar sus discursos, esta fue su respuesta: "Eso depende de la duración del discurso. Si se trata de una intervención de 10 minutos, tardo dos semanas en prepararlo; si es de media hora, tardo una semana; si puedo extenderme todo el tiempo que quiera, no me hace falta prepararme en absoluto. Ya estoy listo".

Lo que sí **es fundamental es que organices tu exposición**, que planifiques el tiempo que vas a dedicar a cada tema, y que conozcas a tu público, pues obviamente no es lo mismo **hablar ante un auditorio lleno de adolescentes** que exponer un tema de trabajo ante un grupo **de ejecutivos.**

La estructura de tu presentación es muy importante, y eso te lo voy a explicar en el Principio 9, pero independientemente de que prepares el tiempo que vas a dedicar a cada tema, debes ser consciente de tu público, para calibrar la extensión que des a los temas, decidir en cuáles puedes profundizar o en cuáles te conviene quedarte en un nivel más superficial y avanzar con mayor rapidez.

Si has visto mis conferencias, te darás cuenta de que están divididas en temas, y que cada espacio dura alrededor de 5 minutos, 7 minutos. Según los estudios de Jesús Guillén sobre la atención en el aula, dividir en bloques de no más de 15 minutos los distintos temas a tratar permite mantener la atención sostenida, que dura entre 10 y 20 minutos.

También acostumbro abrir un espacio para preguntas y respuestas al final de cada serie, lo que evita una escucha pasiva y ayuda a prolongar la atención. Está comprobado que al combinar la atención con la memoria de trabajo, el razonamiento y la planeación, la atención se estructura mejor y se mantiene.

La idea es que conforme vayas adquiriendo práctica descubras con qué te sientes más cómodo. Hay oradores a los que les gusta interrumpir sus conferencias cuando alguien del público tiene una pregunta, y si pueden hacerlo sin perder el ritmo, pues eso es fantástico.

**"La mala noticia es que el tiempo vuela, la buena es que tú eres el piloto".
—Michael Altshuler**

Ahora sobre los ensayos, yo prefiero no ensayar antes de dar una conferencia, porque no es lo mismo hablar frente al espejo o practicar con algún amigo que dar un discurso ante cien o mil personas. No es la misma adrenalina ni es la misma situación, y nunca vas a poder replicar cómo sería en la vida real.

Obviamente que al realizar los ejercicios de este libro te estás entrenando para ser un mejor orador. Pero estos sirven para mejorar tus capacidades y no para que des un discurso específico en un momento específico.

Te recomiendo que dediques un tiempo importante para preparar tu discurso. Y luego resulta muy útil si practicas ante una audiencia pequeña. Después podrás hacerlo en un foro mediano, hasta que estés listo para presentarte ante un público masivo.

LA CIENCIA DETRÁS DEL MANEJO DEL TIEMPO

**"Nunca vas a encontrar el tiempo para algo. Si quieres tiempo, tienes que fabricarlo tú mismo".
—Charles Bruxton**

Desde niño siempre me ha fascinado la manera en que nuestra percepción del tiempo cambia por completo según la situación en que estemos. Si nos divertimos, el tiempo pasa volando, pero si esperamos algo con ansias o tenemos el ánimo bajo, cada segundo parece una hora.

Esta percepción sesgada es común a los seres humanos, sin embargo hay estudios que demuestran que **el tiempo puede pasar más rápido o lento dependiendo de nuestro tipo de personalidad.**

El psicólogo alemán Marc Wittman hizo un análisis de carácter a distintas personas y después las sentó en un cuarto sin hacer nada por siete minutos y medio. Luego les preguntó cuánto tiempo creían que había pasado, y descubrió que sus respuestas estaban completamente relacionadas con la personalidad de los individuos. Los más pacientes dijeron que habían transcurrido tan solo dos minutos, mientras que los más impulsivos llegaron a decir que fueron 20 minutos.

En opinión de Wittman, los seres humanos somos buenos para calcular el tiempo solo por unos cuantos segundos, y después de eso depende mucho de lo que estemos haciendo, de nuestra personalidad y nuestro estado de ánimo. Y más interesante aun es que los sujetos del experimento tuvieron mejores resultados que los que hubiera tenido cualquier persona simplemente porque no estaba haciendo nada.

Cuando uno está distraído es menos sensible al paso del tiempo, por eso resulta que cuando nos la estamos pasando bien, pensamos que apenas fueron unos cuantos minutos, aunque haya transcurrido toda una hora.

Según el doctor Muireann Irish de la Universidad de Sydney, la razón es que solo podemos dedicar cierta cantidad de atención a las distintas cosas que nos pasan. Por eso, cuando estamos poniendo atención a algo, dejamos de pensar en el tiempo que nos toma hacerlo.

El efecto es tan grande que es una de las grandes causas por las que nos estresamos: sentimos que el tiempo está pasando demasiado rápido. La solución es hacer un esfuerzo consciente para darnos cuenta de lo que estamos haciendo. Salir a dar una vuelta, caminar lentamente, tomar conciencia de nuestros movimientos, todo eso nos ayuda a que el tiempo ya no pase a toda velocidad.

Y también es muy importante no dejarse caer fácilmente en las rutinas. El doctor Muireann Irish sostiene que **una forma de darse cuenta de que estamos aprovechando nuestro tiempo es vivir nuevas experiencias.**

Piensa en los niños, que sienten más lento el paso del tiempo: todo les está sucediendo por primera vez. En cambio, los adultos por lo general viven lo mismo día tras día. Así que busca hacer cosas distintas en tu vida cotidiana. Sentirás que estás aprovechando aún más tu tiempo.

¿Quieres sorprenderte todavía más? Resulta que según las últimas teorías científicas, el tiempo no existe. Lo único que existe es nuestra percepción sobre él. A final de cuentas, es una ilusión que está en nuestra mente. Por eso, mejor aprovecharlo mientras estamos aquí.

LAS PLANTAS AYUDAN A INCREMENTAR LOS PERÍODOS DE ATENCIÓN

Un estudio publicado en marzo de 2011 en el *Journal of Environmental Psychology* demostró que la presencia de plantas en una oficina estimula la habilidad de los humanos para mantener la atención.

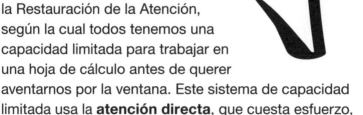

Los resultados se basan en una serie de investigaciones realizadas a partir de la Teoría de la Restauración de la Atención, según la cual todos tenemos una capacidad limitada para trabajar en una hoja de cálculo antes de querer aventarnos por la ventana. Este sistema de capacidad limitada usa la **atención directa**, que cuesta esfuerzo, voluntad controlada y disminuye con el uso.

Esto puede contrastarse con el tipo de atención que se usa cuando estás caminando por un parque. Tu atención se centra primero en una hoja, luego en otra. La sombra de un pájaro sobrevolando el pasto te llama la atención… Hasta que te cruzas con una colorida explosión de flores. Este segundo tipo de atención, la **atención indirecta**, no significa esfuerzo, se orienta automáticamente a las cosas interesantes de nuestro entorno y, según la teoría, permite que el sistema de atención directa descanse y se rejuvenezca.

De acuerdo con la información publicada en *Scientific American* (marzo 2011), los científicos han comprobado que la exposición a entornos naturales, sobre todo con mucho follaje, tiene efectos regenerativos en la atención directa.

Para probar la hipótesis de que al tener plantas en la oficina se incrementa la capacidad de prestar atención, los autores metieron en una habitación dos grupos de participantes: el primero, en un escritorio rodeado de cuatro plantas, y el otro, sin plantas. Todos hicieron la prueba de leer oraciones y recordar la última palabra, pero quienes estuvieron rodeados de plantas mejoraron su desempeño en una segunda prueba, mientras que los que no tenían plantas, permanecieron igual.

Ejercicio

Para este ejercicio vamos a pensar

¿cuál es mi miedo?

Lo primero que quiero que hagas es una lista de
5 cosas a las que le tienes miedo.

_____

_____

_____

_____

_____

Ahora ordena tus miedos de acuerdo con la importancia,
yendo del miedo más fuerte al menos paralizante.

_____

_____

_____

_____

_____

Ejercicio

(continuación)

¿cuál es mi miedo?

Lo que vas a hacer ahora es investigar, con la idea de responder a las siguientes preguntas:

▶ Qué es el miedo

▶ Qué lugar ocupan tus miedos en el conjunto general de los miedos de la gente

▶ Cuál es el origen de tus tres primeros miedos

▶ Cuáles son los tratamientos que los especialistas ofrecen para estos tres tipos de miedo

Una vez que hayas terminado la investigación, anota los puntos fundamentales sobre tus miedos.

▶ _____

▶ _____

▶ _____

▶ _____

▶ _____

▶ _____

▶ _____

Ejercicio

(continuación)

¿cuál es mi miedo?

Ahora, programa la alarma de tu teléfono para que suene dentro de 10 minutos y comienza a hablar como si estuvieras frente a una audiencia.

¿Terminaste? Perfecto. Ahora intenta decir lo mismo, pero solo tienes 5 minutos.

Y para cerrar, intenta decir lo mismo en 3 minutos.

Con la práctica serás capaz de eliminar todas las palabras que no sean absolutamente necesarias.

Tu estilo

"El estilo es algo sutil que se **muestra** en los **pequeños detalles. No** es la **ropa** que **se usa,** es la **forma** en la que **se actúa,** se **mueve** y se **habla".**

—Carolina Herrera

Todos saben que casi siempre voy vestido de negro, pero a diferencia de muchas otras personas que también visten de negro (músicos, conferencistas, diseñadores), en mi caso este color se ha convertido en parte de mi estilo. Como ves, cuando nos referimos al estilo, al final no es el color lo verdaderamente importante sino el hecho de que has logrado que un aspecto tuyo (en este caso el color de mi ropa) transmita algo de ti, al grado de que cuando la gente piensa en ti inevitablemente evoca esa característica tuya.

Ahora bien, la pregunta evidentemente es ¿cómo logramos esto? Algunas personas piensan que para tener estilo o usar algo con estilo basta con seguir una serie de modales, pero no es así. En realidad, el asunto es mucho más profundo que eso: para que un accesorio deje de ser "solo" un accesorio y se convierta en parte de tu estilo, debe simbolizar algo importante para ti, debe representar algún aspecto de tu personalidad que tú valores.

Puede que al principio no lo tengas claro, pero te aseguro que en algún momento descubrirás qué es lo que te significa, y es que es esa conexión entre un rasgo importante de tu forma de ser y la prenda, accesorio, color, etc. lo que le da a estos últimos estilo; es decir, lo que hace que por medio de ellos la gente te identifique y sienta que se está conectando contigo, que te está conociendo.

Volviendo al ejemplo del negro, lo que me conecta con ese color no es otra cosa sino la funcionalidad: como siempre estoy de viaje, me ahorra tener que pensar en las combinaciones. Esto, a primera vista, puede ser un rasgo no muy importante, pero si miras más allá, al final muestra que para mí la prioridad es poner toda mi energía en preparar y dar una buena presentación que aporte algo a la gente, y no estar vistiendo el color que dicta el último grito de la moda.

También sabrás que siempre uso calcetines morados. Esto que podría parecer tan solo una excentricidad, tiene una razón más profunda. El día en que descubrí que aunque ganara millones seguía teniendo mente pobre, busqué algo que me hiciera sentir incómodo, muy pero muy incómodo.

Y es que **el cerebro busca soluciones cuando se siente incómodo,** por eso yo tenía que encontrar algo que me hiciera sentir incómodo y que me obligara a salir de mi zona de confort, a buscar salidas y a recordarme permanentemente la importancia de cambiar mi mentalidad de pobre por una mente rica. Y nada me podría molestar más que estar vestido todo de negro y llevar puestos calcetines de otro color.

Así que adopté el morado, un color con el que me identifico bastante, y que es también muy poderoso porque, como descubrí después, es el color de la devoción y la fe, y simboliza abundancia y equilibrio. De esa manera llevo siempre un recordatorio para que mi cerebro trabaje para encontrar la abundancia. Representa, entonces, el reto de superarme a mí mismo día tras día, y, créeme, eso es una parte muy importante de mi vida y de mi forma de ser.

La idea no es que te pongas calcetines morados como los míos, sino que veas el valor de la historia que hay detrás de ellos. Eso es lo que les da su fuerza. No son un disfraz ni un capricho, sino que hay ahí una historia que se enlaza con mi vida. Son un símbolo. Como yo lo hice, trata de encontrar un detalle que vaya con tu personalidad, pero que también te haga distinto y memorable. Tienes que encontrar tu propio símbolo. Tus *calcetines morados*.

No se trata de copiar sino de encontrar algo distintivo que te permita crear tu propio estilo. Es más, estoy seguro de que si prestas atención, te darás cuenta de que ya hay rasgos de tu aspecto externo o de tu ropa que tienen importancia para ti, quizá el tipo de zapatos, algún accesorio como los lentes, el tipo de pendientes que sueles usar...

Obsérvate, descubre de qué se trata y a partir de ahora dale a ese aspecto la importancia que merece, destácalo, porque lo que estás resaltando no es solo una prenda o un accesorio sino una parte importante de ti, y eso, inevitablemente, te conectará con la gente.

Entonces, la pregunta es qué simboliza lo que llevas puesto. **La marca personal es algo en evolución, que se va acomodando a las situaciones, a tus aspiraciones, a la autenticidad que exige el mercado**.

Alguna vez yo usé reloj como todo el mundo, un reloj que me hacía sentir poderoso. Pero después decidí dejarlo por mis manillas, pues tiene más sentido y mensaje para mí llevar encima el lema "Be, Think, Do", de BiiA Lab, que un reloj.

Por ejemplo, veamos el estilo de estas dos mujeres famosas del cine:

Norma Jeane Baker, mejor conocida por su nombre artístico, Marilyn Monroe, es una de las estrellas del cine norteamericano más populares del siglo XX. Considerada un icono pop y símbolo sexual, de su estilo destaca:

1. Su voz melosa y aniñada (recordada al cantar la canción *Happy birthday Mr. President* a John F. Kennedy).
2. Su blonda, rizada y corta cabellera.

3. Su mirada seductora.
4. Una personalidad con feminidad, glamur y seducción.
5. Vulnerabilidad y dependencia a la aceptación de los demás.

María de los Ángeles Félix Güereña, conocida como María Félix, es la máxima diva del cine mexicano y una de las figuras femeninas más importantes de la Época de Oro del cine mexicano. Considerada una de las mujeres más bellas del cine de su tiempo, es uno de los mitos eróticos del cine de habla hispana. Ella impuso una imagen de mujer fatal a través de un estilo innovador caracterizado por:

1. Sofisticación
2. Irreverencia
3. Carácter fuerte
4. Mirada intensa
5. Ceja levantada
6. Aire de misterio
7. Uso de cigarrillo o puro

CONSTRUYE TU MARCA PERSONAL

Ten en cuenta que en el mundo hay más de 8 mil millones de personas, y que de esas 8 mil millones, cientos de miles se dedican de manera profesional a dar conferencias. Por eso es tan importante que luches por ganarte un lugar, y que empieces a crear tu marca personal.

Cuando hablo de desarrollar un estilo propio, no me refiero a un cambio de imagen en un nivel superficial. Me refiero a la creación de tu propia marca personal.

La ventaja de convertirte en una marca personal es que eso te va a ayudar a que logres tus metas y tus sueños; va a permitir que los demás te reconozcan y que sepan quién eres. Algo tan sencillo, por ejemplo, que sirve incluso hasta para que tu jefe se aprenda tu nombre.

No hay receta para ser una marca. Yo no soy el experto en creación de marca personal. Simplemente te puedo dar algunas buenas sugerencias que a mí me han funcionado muy bien. **Cuando se trata de hacer una marca personal, hay tres cosas fundamentales: qué dices, cómo te ves y qué haces.** En esas tres cosas está el 95% de qué tan buena marca eres. La clave es autenticidad, congruencia y soporte.

Para empezar a construir tu marca personal, lo primero es que tengas clara tu meta, y cuando la sepas podrás entender cuál es tu misión y la ética que te guían. Reputación, credibilidad y congruencia son las cuestiones fundamentales para el desarrollo de tu marca personal.

Pero cuando empezamos a pensar en nuestra marca personal, tomamos como ejemplo las marcas más importantes, a los líderes del mercado. Y a veces no es el #1 quien nos da la mejor lección.

Tomemos el ejemplo de las empresas de alquiler de automóviles. Tradicionalmente Hertz ha sido la compañía más grande del mundo, y Avis ha estado siempre en segundo lugar. Por lo general, las marcas que están en segundo lugar se enfocan en decirle al público que son mejores que el #1. El caso de Avis es distinto. Avis aceptó estar en el #2, y convirtió eso en una oportunidad.

En 1962, la agencia de Doyle Dane Bernbach lanzó este eslogan: "Cuando solo eres el #2, te esfuerzas más". Y reforzaron el mensaje con una imagen que refería a Avis como un pececito que para no ser engullido por un pez enorme debía nadar más rápido y trabajar más duro. La campaña fue tan exitosa que Avis transformó una pérdida anual de $3.2 mdd en una ganancia de $1.2 mdd. A veces, reconocer tu debilidad puede convertirse en tu mayor fortaleza.

Si tienes ideas ganadoras, si construyes una reputación fuerte, si haces una transición importante, estarás desarrollando tu capacidad de influenciar a la gente. Pero antes de que comiences a crear tu marca personal, te recomiendo que escribas en un papel el posicionamiento de tu marca, pues es fundamental para tener clara la estrategia que vas a seguir.

TU HISTORIA

Todos tenemos historias maravillosas que contar, y es nuestra historia lo que nos hace más cercanos a la gente. Si no sabes contar tu historia, pasas por las empresas y por la sociedad como un fantasma. Te vuelves invisible.

¿Has oído hablar de Bill Gates? Seguramente sí. Sin embargo, es bastante probable que no sepas quién es Paul Allen, salvo que trabajes en el mundo de la tecnología. Allen es el cerebro que ha estado detrás de Gates. ¿Por qué casi nadie sabe de él? Porque, a diferencia de Bill Gates, Paul Allen no apostó por su marca personal. En cambio, Gates siempre tuvo una estrategia: aprendió a manejar y cuidar su marca personal. Bill Gates es el *marketing*; Paul, el cerebro.

Todos sabemos también que Neil Armstrong fue el primer hombre en pisar la Luna, pero apenas unos cuantos conocemos a Buzz Aldrin, ingeniero, doctor en Ciencias, astronauta de la NASA y… el segundo hombre que pisó la Luna. Y en esta diferencia de tan solo unos cuantos minutos hay también una actitud hacia la vida, la actitud de quien no supo contar su propia historia. Recuerda que si tú no cuentas tu propia historia, serán otros quienes lo hagan.

Una buena historia puede contarse en dos minutos. Considera que el tiempo es demasiado limitado. Debes ser capaz de contar tu historia en 60 segundos, 90, máximo 120 segundos.

Debes ir al grano, ser muy práctico. Yo les voy a contar mi historia, porque una historia increíble se puede contar en un minuto.

Soy norteamericano de papás bolivianos. Mis papás eran una mezcla de bolivianos y estadounidenses. Cultura estadounidense y boliviana. He vivido en cinco o seis países, y siempre me ha fascinado el emprendimiento.

Pero cuando yo descubrí cómo funcionaba la mente humana, gracias a mis neurocientíficos y antropólogos, me volví loco con ese tema. Y lo único que hago desde entonces, y han pasado 14 años, es estudiar la mente humana para ayudar a la gente y entender cuestiones que regularmente las personas no entienden. Mi vida hoy fluctúa entre hacer estudios de marketing y dar consultorías a grandes marcas, y transformar la mente del ser humano a través de neuroeducación y neuropedagogía. El emprendimiento más lindo que he hecho en mi vida es poder educar a 100 mil personas de forma gratuita en los primeros cuatro meses de la vida de BiiaLab. Esa es mi vida y eso es lo que más me gusta hacer. Ya ven, contar mi historia me llevó solo 50 segundos.

Créeme que tu historia puede ser contundente si aprendes a descubrirla y a contarla.

Una ventaja adicional de que comiences a contar tu historia es que puedes detectar qué es lo que le falta, qué es lo que necesitas hacer para enriquecerla. De eso se trata cuando construyes tu marca personal, no solo de salirte de la media, sino de pensar cuál es el legado que quieres dejar en este mundo.

Hace unos años yo sentí que a mi historia le faltaba una parte social. No quería ser recordado por haber sido un gran vendedor, sino por haber aportado algo significativo al mundo. Fue entonces cuando me dediqué a trabajar en eso que me faltaba. Y descubrí lo importante que era dedicarme a la educación.

No se trata de mentir, de falsear la historia. Menos aún en el mundo de hoy, en que Google delata y desnuda a cualquiera. Se trata de hacer algo que sea relevante y de compartirlo con los demás. Así que comienza a escribir tu historia este fin de semana. No lo aplaces más.

CÓMO CONVERTIRTE EN UNA MARCA PRÓSPERA

Una marca personal fuerte se logra cuando eres rico. Hay que ser rico en amor, en amigos, en familia, en paciencia, en triunfo. Por supuesto también hablo de la riqueza material, porque evidentemente es más fácil ser próspero con dinero que sin él. Recuerda que la pobreza no es física, sino mental. Por eso se trata de dar sin pedir nada a cambio.

En tu historia debes contar siempre y ante todo por qué haces las cosas. Decir cuál es tu motivación es más importante que decir cómo haces las cosas y qué cosas haces. Eso es lo que explica en su círculo de oro Simon Sinek, el motivador inglés que estudia cómo los líderes pueden inspirar cooperación, confianza y cambio: lo trascendente de las grandes marcas, de aquellas que hacen la diferencia, es que comienzan a hablar no de lo que hacen ni de la manera en que lo logran, sino de cuáles son las motivaciones profundas que las guían.

DESCUBRE TU PROPIA GENÉTICA

Tener bien clara tu estrategia de marca te permitirá conectar con la gente. Y esto es muy importante en el mundo de hoy, en el que **la gente ha comenzado a creer en las marcas que logran construir una conexión absoluta.**

Piensa en los grandes hombres como Jesucristo, Buda, el Che Guevara. Al haber trascendido con un mensaje poderoso, se han convertido en grandes marcas. Jesucristo significa espiritualidad, divinidad, salvación, es eternidad. Buda es amor, armonía, equilibrio: paz. El Che representa revolución, anarquía, rebeldía: cambio.

Para comenzar a construir la genética de tu marca, primero **pregúntate ¿qué significas tú?, y luego piensa ¿qué quieres significar?**

- Qué ofreces de forma racional (cerebro neocórtex)
- Cómo construyes una conexión emocional (cerebro límbico)
- Qué experiencia sensorial ofreces (cerebro reptil)

Es muy importante que aprendas a trazar la genética de tu marca no solo para posicionarte sino para visualizar claramente quién eres y detectar si te estás desviando, así puedes regresar a tu base.

Cuidado. No se trata de armar una genética de marca divina porque no vas a poderla soportar, y tarde o temprano van a surgir incongruencias que se te regresarán como un bumerang. No se trata entonces de armar una marca solo con cosas buenas, sino de detectar cuál es tu posicionamiento durante los próximos cinco años. Así podrás ver cuáles son los puntos, los valores que debes fortalecer, cuidar y construir. Haz de la genética de tu marca una herramienta totalmente disciplinaria para ser una mejor persona.

RECOMENDACIONES PARA CONSTRUIR TU MARCA PERSONAL

Lo que dices es lo que eres

Si eres congruente entre lo que dices y lo que haces, estarás garantizando la fortaleza de tu marca personal. Cumple lo que prometes, haz lo que dices.

Fortifica tu red

Si tienes en cuenta que la vida es más fácil con amigos, sabrás lo importante que es construir una red social para crear una marca personal fuerte. Cuando hablamos de redes sociales de inmediato pensamos en Facebook, Twitter, Instagram y demás plataformas que te permiten amplificar tu mensaje por internet. Pero también son muy importantes las redes tradicionales, las que se establecen entre amigos, familiares y conocidos, ya sea a través de la pertenencia a un club, a la asociación de padres de familia de la escuela de tus hijos, a un equipo deportivo, etcétera. Estas redes son de gran valor porque sirven de apoyo en casos de emergencia, o para conocer clientes o personas interesadas en el proyecto que estés realizando.

 Una recomendación importante es que si quieres usar las redes sociales a tu favor, debes entender que Facebook es una plataforma increíble para conocer gente, pero no la uses para vender. Facebook es como una reunión de amigos, a la que vas a divertirte. Pero no a vender. Claro que si tu profesión es vender, puedes llevar a tus contactos de Facebook a otro tipo de sistemas para venderles.

Lo importante es que Facebook está hecho para mostrar tu estilo de vida. La gente que te sigue en Facebook quiere saber quién eres, qué piensas. Por eso es que conviene mostrar, primero, quién eres tú; luego, quién eres tú y cuál es tu entorno; y por último, tú, tu entorno y la gente que hace que tú seas importante. Al mostrar cada vez más gente, haces que los demás se identifiquen más contigo, que sientan que forman parte de tu vida.

El éxito en **Facebook** no es tener **muchos amigos**, sino lograr que la gente te lea.

PRINCIPIO SIETE

Tus errores

"Equivócate, equivócate y vuélvete a **equivocar.** Pero cada vez **equivócate mejor".**

—Samuel Beckett

El hecho de ser humano significa que no somos infalibles. Todos cometemos errores toda la vida. Mi vida, al igual que la tuya, puede contarse a través de todos los errores que he cometido. Sin embargo, lo importante no es eliminar esos errores de nuestra vida, sino reconocerlos, aprender a aceptarlos y luego aprender de ellos. Esto es lo que marca la diferencia entre los hombres realmente grandes y las personas comunes. Piensa en esta frase del basquetbolista Michael Jordan, que es en verdad extraordinaria:

"He fallado más de 9 mil tiros en mi carrera. **He perdido casi 300 juegos. Veintiséis veces han confiado en mí para disparar el último tiro para ganar el juego y he fallado.**

He fracasado una y otra vez en mi vida, y es por eso que tengo éxito".

No hace falta ser aficionado al basquetbol para saber que Michael Jordan es el mejor jugador de todos los tiempos, y obviamente lo es porque tiene una habilidad natural para hacer fácil lo difícil, pero también porque supo entender que no es invencible, que iba fallar y que para desarrollarse tenía que aceptar sus errores y aprender de ellos. Y eso es exactamente lo que tienes que hacer tú también.

Cuando descubrí que en la vida necesariamente iba a cometer errores, **me di cuenta también de que lo importante es la manera en que los enfrentamos**. Podemos verlos como una gran equivocación, darles vueltas y dejar que nos ahoguen, o podemos asumirlos como una gran oportunidad para crecer.

REÍRTE DE TUS ERRORES

Si en medio de una conferencia te equivocas, tómatelo con el mejor humor posible y sé sincero con tu público. A mí me pasa todo el tiempo, de pronto estoy en una conferencia y me doy cuenta de que en la presentación hay una falta de ortografía gigante. Lo peor que podría hacer es tratar de esconderla. Al contrario, lo que hago es verla, reírme y decir: "Uy, qué faltota de ortografía puse en mi presentación". Y se acabó. Con eso la gente se ríe conmigo y además se sienten identificados porque ellos también cometen errores y no por eso se va a acabar el mundo.

Aceptar tus errores
y tomarlos con humor es,
de hecho, una técnica
poderosísima para
ganarte al público.

Muchas veces, en mis conferencias, yo cuento una historia de cuando cometí una gran equivocación. Y lo hago a propósito, porque sé que eso me va a ayudar a ganarme al público.

Durante generaciones nos hemos reído no con las virtudes de la gente sino con sus errores. Eso me lo recordó un artículo de Elvira Lindo, publicado en *El País*, que me compartió una amiga luego de una charla en que le hablé de lo potente que resulta saber reírse de uno mismo. Lindo habla del "placer en poner todos los posibles defectos encima de la mesa de disección y hurgar en ellos", y añade que "siempre hay algo mórbido en hacer de uno mismo motivo de risa".

Nos recuerda que a lo largo de la historia, "el humor se construye con los defectos, no con las virtudes; por eso en el teatro clásico [...] el gracioso es el que se lleva alguna hostia por malicioso, el que sale escaldado, pero, a fin de cuentas, el que se lleva las risas del público".

El gracioso, pues, trabaja con sus defectos. Por si esto no fuera lo suficientemente convincente, debes considerar que está demostrado que quienes tienen la capacidad de reírse de sí mismos siempre gozan de mejor salud.

De hecho, **he descubierto que son nuestros pequeños errores los que nos hacen entrañables.** No es sorprendente entonces que muchas de las personas más sabias que han pasado por esta tierra hayan pronunciado frases muy interesantes sobre lo que significa equivocarse y los beneficios que se puede sacar de ello.

Albert Einstein, por ejemplo, dijo: "Los que nunca han cometido errores es porque nunca han intentado hacer cosas nuevas y diferentes". Y una de mis frases favoritas, del escritor y poeta italiano Arturo Graf, tiene que ver con lo mismo: "Son más instructivos los errores de los grandes intelectos que las verdades de los mediocres".

"El fracaso es la **oportunidad** de **comenzar** de nuevo, pero **con más inteligencia".** **—Henry Ford**

DECÁLOGO DE LOS ERRORES MÁS FRECUENTES AL HABLAR EN PÚBLICO

Después de revisar una larga lista de errores que suelen cometerse al hablar en público, logré identificar los 10 más frecuentes, y te los presento aquí.

#1 Quedarse en blanco

Este es uno de los errores más temidos al hablar en público. Pero aunque es una situación bastante incómoda, resulta completamente normal que a causa de los nervios se pierda el hilo de lo que se está diciendo. Y es normal porque ante el estrés, el sistema nervioso entra en un estado de alerta que está asociado a las situaciones de peligro. En ese momento todo tu cuerpo reacciona para moverse con rapidez y escapar del daño, lo que inhibe el razonamiento creativo. En tus glándulas suprarrenales se segregan glucocorticoides, hormonas que interfieren en el funcionamiento del hipocampo, que es precisamente la parte del cerebro que dirige los recuerdos que pueden ser expresados verbalmente.

Los efectos de los glucocorticoides no desaparecen de inmediato, por lo que **es recomendable detenerte durante unos segundos.** Luego podrás continuar con tu exposición. No pasa nada si te saltas uno de los temas y vas directamente al siguiente punto. O bien puedes lanzar una pregunta a la audiencia para dar tiempo a que tu sistema nervioso se recupere. Lo esencial es que reanudes el ritmo sin hacer evidente el olvido.

#2 Proyectar inseguridad

Una gran parte de tu éxito al hablar en público depende de lo que la audiencia perciba de ti. Si divagas o dudas, transmites inseguridad, y aunque sepas de lo que estás hablando, puede parecer que no es así.

Para ganar seguridad, es necesario que prepares tu conferencia tanto como te sea posible. Lograr seguridad en el escenario no es cuestión de suerte sino de práctica. **Se recomienda que por cada minuto que hables, hayas trabajado al menos siete minutos.**

#3 Ausencia de historia

Exponer una serie de datos no va a permitirte conectar con tu público; al contrario, solo lograrás aburrirlo. Por eso debes organizar los datos para sustentar lo que quieres decir, y crear en torno de ellos una historia intensa, que te permita conectar con tu público.

Por ejemplo hay una charla TED de Sebastian Wernicke, bionformático y consultor corporativo, que si bien presenta una serie de datos, los sistematiza para comunicar una gran idea: identificar cuáles son las charlas que han tenido mayor poder de captar la atención del público y qué características son las que más aprecia la gente en una presentación. Este caso sirve para darte cuenta de cómo puedes construir una gran historia a partir de una larga serie de datos.

#4 Falta o exceso de tiempo

Si hay algo que causa nerviosismo es que se te acabe el tiempo de la presentación, o al contrario, que te sobre tiempo.

Para calcular el tiempo te recomiendo que si ensayas, cronometres tus tiempos. Y recuerda que en la realidad, tu exposición durará aproximadamente entre 25% y 50% más que cuando estés practicando, así que tómalo en cuenta.

#5 Leer más de cinco líneas

Si has escrito una maravillosa presentación y estás dispuesto a leerla, recuerda que no hay nada más aburrido y menos profesional que un expositor que lee frente al público, porque este pensará que sería mejor haber leído en internet todo lo que estás diciendo.

Si necesitas un apoyo, quizá convenga tener una tarjeta donde hayas escrito tu esquema general, pero esto debe ser solo un mapa mental que con un simple vistazo te recuerde el eje de tu discurso y que te ayude a sentirte seguro.

#6 Ir muy rápido o ir muy lento

Si hablas muy rápido, cualquier cosa que digas perderá impacto. Mientras que si lo haces lento, transmitirás mucha más seguridad, confianza y experiencia. **Las pausas son fundamentales, llaman la atención del público y reflejan que tienes confianza y tranquilidad**.

Ir un poco lento también te da oportunidad de que el público asimile y se conecte con tu idea, además de que te permite formular tu siguiente idea y ser más fluido y natural.

#7 Mala dicción

Tu dicción no debe de ser perfecta, la mía no lo es; sin embargo, la audiencia debe poder entenderte. En mi experiencia como orador sé que hay palabras que pueden resultar complicadas. Esto sucede porque no estamos acostumbrados a vocalizar ni a adoptar correctamente la abertura de la boca al decir cada vocal.

Si tú sueles trabarte al hablar, **intenta practicar con trabalenguas.** No importa la velocidad, sino que cada palabra se entienda.

#8 Hacerte el chistoso

Con mucha frecuencia se aconseja contar algún chiste o anécdota simpática para hacer más amena una exposición. Sin embargo, esto depende mucho de tu personalidad. Recuerda que es **mejor tener un sentido del humor natural sin forzar un comentario gracioso** que no resultará efectivo ni tendrá impacto en el público.

#9 Hablar sin emoción

Si el tema del que vas a hablar no te causa entusiasmo, deberías pensar si te conviene hablar de eso, porque exponer sin emoción es un error que puede ser la consecuencia inevitable de haber dado la misma presentación más de diez veces en los últimos meses pero que lo único que logra es no conectar ni enganchar al público. El entusiasmo es muy difícil de actuar, por eso es necesario que te conectes con el tema primero y que cada repetición sea para enriquecer tu propio discurso y no solo repetirlo.

#10 Problemas técnicos y distractores

Las fallas técnicas siempre pueden suceder, pueden ser con la computadora, las luces, el sonido o el proyector. Sin embargo, hay otras cosas que pueden ser un problema: los distractores, como una puerta ruidosa o un aire acondicionado defectuoso. Para minimizar la posibilidad de que ocurran estos inconvenientes, es preferible llegar con suficiente tiempo de antelación a donde será la exposición y verificar las condiciones técnicas, organizativas y espaciales. Así como tener un respaldo extra de tu presentación de Power Point, no depender de la conexión a internet, y observar hacia el escenario para darte cuenta de cómo te verá el público e identificar posibles distractores.

LA CIENCIA DETRÁS DE LOS ERRORES

> **"Experiencia** es el nombre que damos **a nuestras equivocaciones".**
> **—Oscar Wilde**

Todos cometemos errores. Y, como te podrás imaginar, hay bastantes estudios científicos que han analizado las razones por las que nos pasa y, sobre todo, por qué es que nos pasa tan seguido y por qué muchas veces repetimos los mismos errores una y otra y otra vez.

Lo divertido es que las conclusiones a las que llegaron esos estudios no son exactamente las que uno podría imaginarse, aunque sí son muy buenas para entender por qué lo ideal es reírnos de nuestras propias fallas, en lugar de agobiarnos por ellas, por la simple razón de que nunca vamos a ser capaces de arreglarlas todas y, de hecho, es muy posible que sigamos repitiéndolas hasta el final de nuestros días.

El primer estudio está referenciado en un divertido video de *The Atlantic*, en donde la presentadora Olga Khazan habla con varias personas que le confiesan sus errores más vergonzosos, y después ella explica por qué suceden, basándose en evidencia científica.

Esencialmente, lo que sucede es que no es tan fácil aprender de los errores como nos gustaría creer. Normalmente, lo que pasa es que, cuando cometemos alguna falla, nuestra mente se detiene un poco para entender por qué pasó, y nos quedamos ahí agobiándonos por nuestro error en lugar de pensar en la solución.

¡Lo peor del caso es que al repasar mentalmente nuestros errores una y otra vez lo único que conseguimos es que esa información se quede grabada en nuestro cerebro y como resultado cometamos la misma falla de nuevo!

La respuesta entonces es simplemente concentrarnos en la solución y no andarle dando vueltas en la cabeza a lo que hicimos mal.

Por otro lado, **si somos capaces de aprender de nuestros errores y no agobiarnos de más, entonces es muy posible que nos volvamos más inteligentes.** Por lo menos eso es lo que dos estudios en Estados Unidos comprobaron hace unos meses.

En uno, estudiantes universitarios realizaron unos ejercicios en computadora; en el otro usaron médicos para tomar decisiones sobre qué medicamentos recetar. En ambos estudios, los participantes recibieron comentarios inmediatos sobre si habían tomado la decisión correcta, y se les dio la oportunidad de volver a intentarlo, utilizando lo que habían aprendido.

El descubrimiento, en ambos casos, es que **el cerebro tiene dos tipos de reacciones cuando se cometen errores y alguna persona repara en ellos.** La primera es entender el error como un problema que necesita ser resuelto; es decir, concentrarse en la solución del problema. Y, en consecuencia, el cerebro mejora la atención cuando tiene que tomar una nueva decisión. En estos casos, los resultados suelen ser mucho mejores.

La otra posible reacción es que el cerebro tome el hecho de que hayan reparado en su error como una amenaza, y en consecuencia se cierre por completo y decida que no cometió una falla. En esos casos, no aprende de los errores y los vuelve a cometer.

Este es el caso de muchos políticos; por ejemplo, cuando claramente se equivocaron en alguna decisión y alguien se los hace notar, lo que hacen es insistir en que tuvieron razón e incluso cambian la manera en que presentan los hechos, todo con el fin de que la percepción que la gente tiene de ellos sea distinta. Lo mismo sucede con las personas que son muy narcisistas.

Lo más interesante es que todo eso se relaciona con la percepción que tiene la gente de la inteligencia en general. Si creen que es un atributo que puede ser entrenado y aumentado con el trabajo duro, entonces aprenderán más fácil de sus errores, mientras que si consideran que uno nace inteligente o tonto, entonces les cuesta más trabajo ese aprendizaje.

Y además hubo otro descubrimiento curioso. En el estudio de los médicos, aquellos que tenían más experiencia y una mejor imagen de sí mismos, aprendieron menos de sus errores.

En general, la conclusión de los estudios es que si cometemos un error, no hay que caer en pánico ni detenerse demasiado a pensar en lo que pasó, sino tomarlo como un aprendizaje. Y bueno, entender que siempre vamos a seguir cometiendo errores, por lo que debemos ser capaces de reírnos de ellos.

> "**El éxito** es un **maestro pobre.** Aprendemos **el máximo sobre nosotros** cuando **nos equivocamos.** Por eso **no teman equivocarse. Equivocarse** es parte del **proceso del éxito.** No se puede **tener éxito sin fracasar".**
>
> —**Robert Kiyosaki**

**PRINCIPIO
OCHO**

Tu interacción

"Creo que la **empatía**
es la **cualidad** más **esencial**
en la **civilización".**
—Roger Ebert

Hay oradores muy buenos para interactuar con el público.
Vean a Martin Lindstrom, el especialista en marketing
y publicidad; me encanta porque tiene mucha fuerza
cuando se baja del escenario, y se mete entre la gente y
les pasa el micrófono, porque entonces hace que la gente
se involucre por completo.

Pero no todos tenemos esa habilidad para movernos
entre el público. Y por eso debemos considerar que la
interacción comienza desde el primer momento en que
intercambiamos mensajes con las personas. Y no me
refiero solo a los mensajes hablados, sino a todo lo que
somos capaces de comunicar con el cuerpo.

Algo que no se menciona demasiado pero que es fundamental al hablar, ya sea en público o ante cualquier persona, es que no solo se trata de lo que estás diciendo, ni de la manera en que te mueves o el tono que usas, sino que **mucho del éxito o el fracaso de tu comunicación tiene que ver con la energía que generas y con la interacción que desarrollas con la gente que te está viendo y que te está escuchando.**

La energía con que comunicas es tan importante que incluso puede marcar la diferencia entre que el público comprenda tu mensaje y se involucre en lo que dices o que llegue a pensar "este tipo no sabe de lo que habla", o peor aún, "este es un pesado, no sé por qué estoy aquí".

LA MIRADA

Nuestra interacción comienza desde la mirada. Estamos inmersos en una cultura que privilegia el sentido de la vista por encima de todos los demás. La vista es el medio por el que recabamos la mayor parte de la información, y es también un gran sentido para comunicarla.

En su libro *La dimensión oculta*, Edward Hall destaca la importancia de la mirada, por su poder de castigar, de infundir ánimos o de establecer dominio. La mirada sirve para indicar interés o disgusto, se puede usar para incluir a los demás, o para excluirlos.

Por eso es tan importante que en cuanto estés en el escenario establezcas contacto visual con tu público, porque de esa manera estarás incluyéndolos en tu conversación. En este sentido, el trabajo del conferencista es más cercano al de los cuentacuentos y al de los profesores que al de los actores.

Mientras que los actores están entrenados en el teatro tradicional para ver a un punto neutro, sin conectar con su público mediante la mirada, los cuentacuentos trabajan con la mirada de su público, y a través de ella pueden descubrir el interés de sus espectadores. Eso les permite extenderse en los pasajes que provocan mayor entusiasmo, o por el contrario, apurar aquellos que parecen aburrirlos. Ellos son expertos en calibración.

Conectar con la mirada es un recurso que además puedes aprovechar para sentirte apoyado. Siempre hay personas entre el público que son sumamente empáticas, que te siguen con interés, a las que pareces caerles bien. Apóyate en ellas. Si hablas viéndolas directamente a los ojos, ganarás seguridad. Mientras que si detectas a gente difícil, que te ve con expresión de aburrimiento o fastidio, lo mejor es que evites su mirada, pues eso podría desalentarte. Y esto ha sido demostrado por científicos que explican que la mera acción que ejecutan dos personas al mirarse la una a la otra desencadena actividad en las neuronas espejo por lo que, literalmente, uno adopta el estado emocional de la otra persona. Lo importante es que nunca, nunca pierdas el contacto visual con tu gente, porque si no tienes contacto visual con la gente, tarde o temprano dejará de mirarte.

LA EMPATÍA

Ser empático, de acuerdo con el científico social Jeremy Rifkin, **es el proceso que permite a una persona entrar en el ser de otra, y que le permite saber cómo siente y cómo piensa.** Es un estado emocional que permite sentir cómo sufre otra persona, cuál es su experiencia, y que nos hace sentir su dolor como si fuera nuestro, compartir la sensación de esa experiencia. De ahí la imagen de la empatía como ponerse en los zapatos del otro.

Hace un tiempo, en mi página de Facebook publiqué un artículo que demuestra lo poderosa que es la empatía. Se trata de un estudio realizado en Finlandia en el que se destaca el papel de la empatía en los primeros años de educación de niños y adolescentes. El objetivo era analizar en qué medida la relación entre profesores y alumnos podría estar relacionada con las excelentes calificaciones en lectura que reporta ese país.

Uno de los factores fundamentales era, precisamente, que en Finlandia le dan una gran importancia a que los profesores tengan una actitud cálida en el aula. E incluso llegaban a la conclusión de que la interacción entre profesores y estudiantes puede ser más importante para las buenas calificaciones que los materiales educativos y la cantidad de estudiantes que haya en un salón de clases.

> **"La empatía** tiene que ver con **ponerse** en los **zapatos de otro, sentir** con su **corazón, ver** con sus **ojos. Hace del mundo un lugar mejor".**
> **—Daniel H. Pink**

Por eso, es bien importante que siempre que vayas a hablar con una persona, que te prepares para una exposición o incluso si vas hablar en un auditorio con cientos de espectadores, observes a tu público y puedas identificar qué es lo que quiere, cómo se siente en este momento. Que te intereses por él.

Muchas veces pensamos que en oratoria los mensajes se producen en una sola vía, pero en realidad toda comunicación humana siempre tiene que ser de ida y vuelta, y ese es un principio fundamental en la neuro oratoria: la conexión con la gente que te está escuchando, que te va a permitir que entiendan y adopten tus ideas, y sobre todo que se lleven una buena experiencia de haber pasado ese tiempo contigo.

Mantener una postura abierta significa aprender a percibir, a ver las reacciones del público y a ponerte en su lugar, entonces te darás cuenta de los errores o los aciertos que cometes. Piensa: ¿Se están divirtiendo? ¿Hay alguien en esa esquina que se está durmiendo? ¿Tienen preguntas interesantes al terminar tu exposición? Todos esos factores contribuyen a que entiendas qué tan efectivo está siendo tu mensaje.

Se trata de que no te cierres en ti mismo, de que no te sientas inalcanzable, que no sientas que tienes la verdad absoluta. Que seas capaz de aprender de tu público, pues muchas veces la gente que te escucha tiene excelentes ideas que te ayudarán a aumentar tu conocimiento.

"Si te encuentras **a ti mismo** diciendo, **'pero estoy siendo honesto',** hay **buenas posibilidades** de que **no estés siendo amable. La honestidad no cura; la empatía, sí".**
—Dan Waldschmidt

Aprender a interactuar con tu público no significa necesariamente que debas bajarte del escenario y caminar entre ellos. Si eso no va con tu estilo o con el de tu conferencia, te arriesgas a que la gente crea que estás comportándote como *rock star*. Aprender a interactuar con tu público es calibrar el mensaje y la situación para que puedas percibir qué es lo que le conviene tanto a tu audiencia como a ti.

LA CIENCIA DETRÁS DE LA INTERACCIÓN
¿Existe la habilidad para leer los pensamientos de los otros?

Los resultados de un estudio publicado en la revista *Molecular Psychiatry* demuestran la influencia genética en la habilidad de leer los pensamientos y las emociones de una persona tan solo con mirarla a los ojos. Esta capacidad, que tradicionalmente se ha atribuido a las mujeres, ha podido ser comprobada gracias a los estudios en neurociencias.

En 1997, científicos de la Universidad de Cambridge desarrollaron una prueba de empatía cognitiva llamada *Reading the Mind in the Eyes* (Leer la mente en los ojos), que demostró que, en efecto, hay quienes pueden interpretar lo que otro está pensando o sintiendo a través de la mirada, y que, en general, son las mujeres las más aptas para hacerlo.

Recientemente, en un estudio dirigido por Varun Warrier, un estudiante de doctorado de Cambridge, y los profesores Simon Baron-Cohen, director del Autism Research Centre en la Universidad de Cambridge, y Thomas Bourgeron, de la Universidad Paris Diderot del Instituto Pasteur, en colaboración con la compañía genética 23andMe, se realizó una nueva prueba *Reading the Mind in the Eyes*, con 89 mil personas de todo el mundo. Y sus resultados no solo confirmaron una mayor habilidad en las mujeres, sino que el desempeño en esta prueba depende de una cuestión genética, asociada a variantes en el cromosoma 3.

Este cromosoma es muy activo en una parte del cerebro conocida como *núcleo estriado*, que tiene un papel fundamental en la empatía cognitiva. Cuanto más alto es el volumen del núcleo estriado, mayor es la calificación en la lectura de los ojos. Si bien los científicos que trabajaron en este proyecto consideran que este hallazgo requiere profundización, se trata del "mayor estudio sobre empatía cognitiva en el mundo, que aporta una explicación al porqué hay variaciones en los niveles de empatía cognitiva", según afirma Varun Warrier, uno de los científicos que dirigieron el estudio. No obstante, precisa el profesor Bourgeron, aunque el estudio demuestra que "la empatía es parcialmente genética, es necesario considerar factores sociales tan importantes como la crianza temprana y la experiencia posnatal".

EL DOLOR FÍSICO Y LA EMPATÍA

Uno de los descubrimientos más interesantes en las ciencias sociales en los últimos años es la comprobación de que el dolor social o dolor emocional es procesado del mismo modo en el cerebro que el dolor físico.

Un estudio publicado en la revista *Brain* habla de cómo este descubrimiento refuerza el modelo teórico de la empatía porque explica la participación de las emociones de otras personas en nuestra propia experiencia emocional.

Con respecto a la comprensión de la naturaleza humana, creo que este hallazgo es bastante significativo. Las cosas que nos hacen sentir dolor son cosas que son reconocidas evolutivamente como amenazas a nuestra supervivencia, y la existencia de dolor social es una señal de que la evolución ha tratado la conexión social como una necesidad, no como un lujo.

¿SE PUEDE VIVIR SIN INTERACTUAR?

En su libro *Social*, el científico Matthew Lieberman considera que nuestra necesidad de conectarnos es tan importante como la de obtener comida y agua.

Una investigación del doctor Manos Tsakiris en el Departamento de Psicología en Royal Holloway, de la Universidad de Londres, ha demostrado cómo nuestra percepción depende mucho de los demás, tanto que incluso la imagen que vemos de nosotros mismos en el espejo puede depender de experiencias que hemos compartido con las caras de otras personas.

En el estudio, la habilidad de los participantes de reconocer su propia cara cambiaba cuando veían la cara de otra persona siendo tocada al mismo tiempo que tocaban su cara, como si se tratara de un espejo.

Para ser más exactos, cuando eso pasaba, cuando a los participantes se les pedía que eligieran una foto de su propia cara, ¡la foto que elegían tenía rasgos de la otra persona que habían visto frente a ellos!

La conclusión del estudio era que compartir una experiencia con otra persona puede cambiar la percepción que uno tiene de sí mismo, hasta el punto de reconocer nuestra cara de manera distinta.

"Como resultado de las experiencias compartidas, tendemos a percibir a la gente como si fuera más similar a nosotros, y este proceso puede ser la raíz de construir una identidad propia en un contexto social", explica el doctor Tsakiris.

De acuerdo con este científico, este descubrimiento puede, además, cambiar la manera en que interactuamos con los demás: "Si yo siento que te pareces más a mí, eso me puede llevar a actuar de una manera diferente hacia ti. Eso podría ayudarnos a cambiar nuestras actitudes hacia distintos grupos sociales, de raza o género".

En resumen, la interacción con las otras personas no solo es importante para nuestro bienestar sino también para el bienestar de los demás, y para tener una sociedad mejor y más tolerante.

Y, por supuesto, como te podrás imaginar, es una herramienta espectacular para transmitir nuestras ideas y convencer a nuestra audiencia. Por eso una de las bases fundamentales de la neuro oratoria es trabajar lo más posible en conectar con la gente que nos está escuchando. Conseguirlo puede cambiar por completo la manera en que te perciben y adoptan lo que les estás diciendo.

"Sé amable, porque todas **las personas que conoces** están **peleando** una dura **batalla".** **—Platón**

PRINCIPIO NUEVE

Tu mensaje

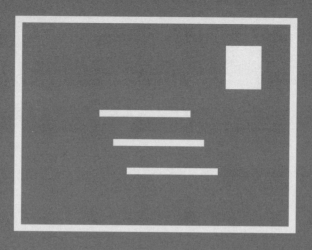

> **"Debes entender** perfectamente **cuál** es tu **mensaje** y después **predicarlo, venderlo,** si quieres, **a quienes son tus fieles,** pero también **a aquellos** que **esperas** que se **vuelvan tus fieles".**
>
> **—John P. Foley**

Hasta aquí hemos revisado 8 principios que te permitirán presentarte con fuerza ante el público. Pero debe quedar muy claro que, sin un buen mensaje, todo lo que hemos visto, como la confianza en ti mismo, la presencia escénica, la facilidad de palabra, no te servirá para nada. Estoy convencido de que si estás decidido a ser un buen orador, es fundamentalmente porque tienes un mensaje muy importante que comunicar.

INVESTIGA

En el Principio 5 mencioné que a mí no me gusta ensayar mis conferencias porque considero realmente importante trabajar de frente al público, ya que la adrenalina que se genera durante la interacción real me da una gran fuerza. Sin embargo, me refiero a que prefiero no ensayar la ponencia una vez que la he preparado. Y eso no significa que no prepare mis conferencias. Al contrario, **la preparación de lo que uno va a decir es clave para el éxito de un orador.**

Para que puedas comunicar exactamente lo que tienes que decir, debes preparar tu discurso a la perfección. Y lo primero es identificar tu objetivo. ¿Qué es lo que quieres mostrarle al público? ¿De qué pretendes convencerlo? ¿Cuál es la idea que vas a transmitir?

La clave de un mensaje eficaz está no solo en lo que dices sino, y esto es bien importante, en la estructura que le das a esa información.

En la *Retórica,* Aristóteles ofrece consejos para quienes quieren aprender a hablar en público. Él afirmaba que el orador no debía basarse solo en las emociones, sino también en argumentos, en el razonamiento lógico.

Efectivamente, tú no quieres manipular a tu auditorio, sino informarlo y convencerlo apoyándote en información bien sustentada. Recuerda que la gente que acude a tus presentaciones lo hace porque considera que tú puedes aportarle algo importante en esa materia. Debes estar a la altura de sus expectativas.

ESTRUCTURA TU INFORMACIÓN
Una investigación sólida es la base que sostiene los argumentos que vas a presentar. Ahora es necesario que la organices para construir un mensaje que sea contundente.

Te invito a que pienses en tu exposición como si se tratara de una historia. Recuerda que no hay nada más aburrido, y desafortunadamente sucede con mucha frecuencia, que presentar una historia plana, llena de datos que son únicamente descriptivos. Para causar impacto, una historia debe construirse con picos de tensión que permitan mantener atento al público.

Es fundamental, pues, que tu presentación tenga al menos estos tres elementos: introducción, desarrollo y desenlace.

CONSEJOS PARA UN BUEN INICIO

Es bien importante pensar de qué manera puedes enganchar a tu público desde el principio. **Hay un recurso al que yo llamo la *patada voladora*, que es empezar con un pico emocional alto.** Imagínate que yo voy a dar un discurso político. Qué fuerte sería empezar así: "En mi último mandato me equivoqué muchísimo, pero cuando me di cuenta del gran error que había cometido, rectifiqué el camino". Luego dices: "Mi propuesta es la siguiente, y déjenme contarles lo que hice cinco años atrás y lo que puedo hacer ahora". Entonces sí puedes decir: "... y es por eso que ahora sé que puedo ser el mejor candidato".

Cualquiera podría decir que estás empezando con el pie izquierdo, pero si entras a una conferencia diciendo en qué te equivocaste, y después aceptas el error, te habrás ganado la simpatía del público, pues algo aparentemente negativo te puede llevar hasta un nivel emocional muy alto. Claro que cuando empiezas a dar el discurso vas a caer, por eso después tienes que empezar a soltar un discurso positivo, para quedar hasta arriba.

El primer impacto en el público va a ser pensar "qué onda con este tipo, qué le pasa". Es un impacto emocional negativo, pero si luego tú dices cosas elocuentes durante los próximos ocho minutos, entonces has empezado con una gran fuerza. Y como puedes ver, este es un excelente ejemplo de cómo un error o resultado negativo se puede convertir en una oportunidad.

Las historias negativas, al causar preocupación, generan una conexión pues hacen que las personas se queden pensando: "¿Qué podemos hacer para solucionar esto?". Así, estás sembrando cierta preocupación, que te permite entrar luego a hablar sobre el problema que te ocupa. Si aprendes a hacerlo bien, esta forma de iniciar tus presentaciones te ganará la atención del público, y además, al ser honesto, provocarás emociones positivas.

También puedes comenzar contando una historia ejemplar, de la cual se pueda extraer una gran lección. Las parábolas son un recurso narrativo muy antiguo, piensa por ejemplo en la Biblia, que está llena de ellas.

Es posible también que elijas una anécdota graciosa. Recuerda que la risa oxigena el cerebro, despierta la atención y crea un ambiente relajado y empático. Si tú tienes un gran sentido del humor, podrás usarlo para ganarte a tu público.

Finalmente, **es recomendable que en la introducción de tu conferencia dejes claro a tu auditorio cuál es tu objetivo, qué te propones demostrar.** Y en ciertas ocasiones, también conviene que digas a grandes rasgos en qué partes está dividida tu exposición. Así ellos sabrán desde el principio qué esperar del tiempo que pasarán escuchándote.

DESARROLLO

En cuanto has lanzado la *patada voladora,* tienes que estar dispuesto a caer, es decir, a moverte en un pico emocional más bajo. Y aquí es donde conviene exponer tu planteamiento. Si lo piensas como un relato, hay un protagonista en tu historia que ha vivido cierto tiempo en una situación determinada, que ha actuado siempre de cierta manera.

Pero como una buena historia no debe ser plana, hay que introducir un nudo, es decir, un conflicto. ¿Cuál es el reto que obliga a tu protagonista a alejarse de la comodidad en la que se encontraba? ¿Cuál es el obstáculo que debe resolver? Es aquí donde se desarrolla el conflicto, donde se plantea una disyuntiva que será clave para que expongas las herramientas y capacidades que le servirán para resolver el conflicto.

Por último, llega la fase del desenlace, que es precisamente en la que se resuelve el conflicto. ¿Qué decisión se ha tomado? ¿Cuál es el camino que conviene tomar para que no se repita? ¿Cuál es la enseñanza de vida que nos deja?

QUÉ HACER PARA TENER UNA BUENA COMUNICACIÓN CON TU AUDITORIO

> **"Al concentrarse** en la **precisión,** uno **alcanza** la **técnica.** Al **concentrarse** en la **técnica,** uno **no alcanza** la **precisión".**
> **—Bruno Walter**

Para quien se ha decidido a convertirse en un buen orador, existen muchos y muy buenos consejos de lo que se debe hacer y, más aún, de lo que hay que evitar. Hay prácticas que generan una pésima impresión en el público. Aquí te presento aquellas de las cuales debes alejarte por completo:

- **La falta de precisión y de claridad,** que no hace sino comunicar a la gente que *no* consideras a tu auditorio lo suficientemente importante como para haber preparado tu ponencia, y eso es una falta de respeto al tiempo de los demás.

- **El autoelogio,** que además de provocar rechazo, es una muestra de pedantería y de inseguridad. Está bien que seas capaz de reconocer tus propios aciertos, e incluso vale la pena que los compartas con tu público si consideras que aclaran algún punto o si resultan muy motivantes. En cambio, si el autoelogio solo tiene como propósito enaltecerte, mejor evítalo.

- **Los comentarios ofensivos, el sarcasmo y los tonos hirientes,** así como todo tipo de bromas o chistes hechos a expensas de grupos religiosos, minorías étnicas, preferencias sexuales. Todo esto se considera políticamente incorrecto, y si bien hace años se usaba para crear un ambiente divertido, hoy en día causan incomodidad en el público e incluso pueden crearte una etiqueta negativa de la cual será muy difícil deshacerte.

- **Los lugares comunes.** Son frases hechas a la medida que la gente repite todo el tiempo. Están tan desgastadas que en vez de ayudarte a comunicar tu mensaje, harán que tu auditorio tenga la impresión de que no sabes de qué hablas y que solo estás usando frasecitas de relleno para dejar pasar el tiempo. Recuerda que de lo que se trata es de que en tu discurso hagas una aportación personal, que compartas tu punto de vista.

Estas recomendaciones que, ciertamente, son de sentido común, encuentran un fundamento lingüístico-filosófico en cuatro máximas propuestas por el filósofo inglés Paul Grice, las cuales garantizan una buena comunicación:

- **Cantidad.** Haz que tu contribución sea tan informativa como se requiera; pero no des más información de la que se necesita.
- **Calidad.** No digas lo que crees que es falso; tampoco digas aquello de lo que no tienes pruebas.
- **Relación.** Sé relevante.
- **Manera.** Sé claro: evita las expresiones oscuras, la ambigüedad. Sé breve también. Y sé ordenado.

Por cierto, todo esto Aristóteles ya lo había dicho en su *Poética*, al señalar que la excelencia de un discurso se logra cuando este es claro sin ser bajo, lo que se consigue con una mezcla de palabras comunes y unas cuantas especializadas.

También advierte de que un abuso de metáforas da al discurso un aire de misterio. Y que si estas se mezclan en exceso con palabras grandilocuentes, entonces se producirá en el oyente un efecto tan ridículo que parecerá que se ha hecho a propósito.

Steven Pinker, psicólogo de la Universidad de Harvard y especialista en lenguaje, ha estudiado desde una perspectiva cognitiva qué elementos contribuyen a tener una buena escritura. Ante todo, se trata de ponerse en la piel del lector, una advertencia bastante conveniente para los científicos y académicos, cuyas conferencias suelen ser aburridísimas por un exceso de términos especializados.

Para Pinker, **la mente humana es muy concreta, por lo que si un discurso es demasiado abstracto**, es **más fácil que sea un mal discurso.** Elementos como poner al lector en contexto de lo que dices, aunados a imágenes directas ayudan a dar concreción y, en consecuencia, dan como resultado mejores historias.

**PRINCIPIO
DIEZ**

Tu credibilidad

"La cualidad más **esencial** en el **liderazgo no** es la **perfección** sino la **credibilidad**. La gente **debe poder creerte"**.
—Rick Warren

Si eres una persona digna de que te crean es que has logrado construir una sólida credibilidad. Y esa cualidad automáticamente te hace confiable ante los demás. La credibilidad se crea cuando lo que dices es cierto, es real, es verdadero, es posible, es verosímil.

Obviamente que gozar de credibilidad da fortaleza a tus relaciones, y si recuerdas que la clave del éxito es contar con una sólida red social, en la credibilidad se sostiene una parte fundamental de tu éxito y prosperidad.

Hablar con la verdad, no difundir rumores, dar cuenta de nuestras acciones, más que una cuestión de conocimientos, es una cuestión de carácter, pues se trata de honestidad. Pero también es cuestión de competencias, pues la credibilidad se construye al paso del tiempo, mediante nuestro trabajo y nuestras obras.

La credibilidad es un valor que, de acuerdo con *La velocidad de la confianza,* de Stephen M.R. Covey y Rebecca Merrill, puede construirse y que, además, debe fomentarse. Implica: *integridad,* como congruencia entre lo que haces y lo que dices; *intenciones*, como acciones destinadas al beneficio común; *capacidades,* conocimientos, destrezas, aptitudes y estilo; *resultados*, fruto de nuestra trayectoria, mediante la cual se construye una buena reputación.

CUESTIÓN DE LEGITIMIDAD

"Mientras más estés **dispuesto** a **aceptar responsabilidad** de tus **actos,** más **credibilidad tendrás".**
—Brian Koslow

Lograr que el público te ponga atención solo porque vas a presentar una conferencia para la cual te has preparado de forma exhaustiva no es tan sencillo, sino que es un asunto que involucra *legitimidad*.

En una sociedad hiperconectada, en la que todos podemos entrar a internet e investigar cualquier tema en una gran cantidad de sitios de cualquier parte del mundo, toda persona podría preparar una investigación para hablar de cualquier cosa, sin importar qué tan especializada sea el área de conocimiento.

Imagínate tú qué pasaría con una investigación profunda sobre dermatitis atópica en manos de una persona común. ¿Podría presentarse ante un auditorio de cientos de personas, o incluso dar una charla en un pequeño foro de una cafetería de barrio pese a no ser médico especializado en dermatología? Evidentemente que sí, siempre que fuera un paciente aquejado de ese problema en la piel, y que está rindiendo su testimonio.

Hablar en público
requiere que seamos capaces
de presentarnos
como portavoces
experimentados del
tema porque es esa experiencia la que nos avala y precisamente la que nos permite generar la credibilidad. Son los títulos universitarios, pero también y de manera destacada nuestra trayectoria laboral y nuestra experiencia de vida, nuestra lucha social y nuestras contribuciones a la comunidad los que nos permitirán tener un respaldo sólido.

Entonces, para que tu conferencia o tu charla tengan credibilidad, ante todo debes preguntarte: ¿Tengo la legitimidad para hablar del tema?

Cuando hablamos no lo hacemos nunca a título personal. Somos individuos, sí, pero estamos inmersos en un contexto social, y trabajamos y nos desenvolvemos dentro de instituciones, empresas, asociaciones, que representan y defienden valores. Y cuando hablamos como egresado de tal universidad, o en nombre del colegio de contadores, o como parte de la unión de vendedores, estamos hablando por toda una comunidad, que nos ofrece y respalda con su prestigio.

Es bien importante entonces que tengas en cuenta que nunca hablamos solamente a título personal, porque hasta en una pequeña charla informal podemos destruir o enaltecer el prestigio y la reputación de nuestros colegios, de nuestra familia, de nuestra iglesia.

Sé auténtico, estudia, investiga, pon cosas originales, porque el resultado de no hacerlo es un camino de crecimiento lento y de desprestigio.

Si quieres ser líder y orador profesional, **preocúpate de arrojar pruebas, necesitas pruebas,** porque si te pones en frente de un escenario sin argumentos que den sustento a lo que dices, no tendrás impacto o, peor aún, perderás legitimidad.

"La credibilidad es la divisa de un líder. Si la tiene, será solvente; sin ella, quedará en bancarrota". —John C. Maxwell

PERDER LA CREDIBILIDAD

Construir la credibilidad lleva tiempo, y requiere un compromiso ético mantenerla. Perderla es simple, basta un pequeño desliz para echar abajo el trabajo de largos años.

Cuidado con deslizar **falsedades, difundir verdades a medias, hacerte eco de rumores, hablar sin pruebas,** porque es **precisamente en ese momento cuando tu credibilidad se pone en riesgo.**

Muchas veces no hace falta que seas tú quien mienta o engañe, tan solo un descuido ante algún colaborador en quien hayas depositado tu confianza puede acabar con tu carrera. Es bastante probable que recuerdes al escritor peruano Alfredo Bryce Echenique más por haber sido acusado de plagio que por haber ganado el Premio Nacional de Literatura por su novela *Un mundo para Julius.* Y pese a sus intentos de defenderse diciendo que no había dado nunca la autorización de que se publicaran esos textos, el daño en su reputación ha sido irreversible.

Hay otros casos menos graves que han podido resolverse a costa de dificultades, y que no salen a la luz hasta que el protagonista salta a la fama. En 2001, el escritor inglés Ian McEwan publicó *Expiación*, y seguro que nada habría pasado si unos años después esta novela no se hubiera llevado al cine (*Atonement,* de Joe Wright). Pero esta excelente película, protagonizada por la actriz Keira Knightley, puso a McEwan ante los reflectores.

Si bien el autor menciona en sus agradecimientos el haber usado pasajes de las memorias de la enfermera Andrews, *Time for Romance*, una estudiante puso al descubierto que más que unos cuantos pasajes había nombres y diálogos. El *Mail on Sunday* lo acusó de plagio. Lo salvaron su sólida reputación (un autor con más de una docena de libros) y el apoyo de la élite literaria, entre ellos el reciente Nobel Kazuo Ishiguro.

En el mundo de los negocios hay casos tan sonados que basta con nombrarlos para levantar un gran revuelo. Piensa si no en "el caso Volkswagen", detrás del cual hubo una intención fraudulenta, un engaño deliberado. Con la instalación de un software que trucaba las pruebas de emisiones de CO_2, y que terminó por ser 40 veces más contaminante, la empresa logró un récord de ganancia, con más de 200 mil millones de euros facturados, muy por encima de Toyota, su competencia. Pero cuando en 2015 la Agencia de Protección Ambiental de Estados

Unidos reveló que 11 millones de autos VW tenían instalado ese software, se desplomaron las acciones de la empresa y ni hablar de lo que pasó con su credibilidad.

Si he incluido estos casos no es porque sea un paladín de la moral, sino porque me parece muy importante tener ejemplos claros de lo rápido que se puede perder la credibilidad, una cualidad que, como hemos visto, se construye lentamente a través de los años y con un enorme esfuerzo.

Así que definitivamente, traicionar la confianza de la gente de ninguna manera es una opción.

"El elevador hacia el éxito está fuera de servicio. Tendrás que usar las escaleras... una por una".

—Joe Girard

nota final

La vida está hecha de oratoria, y todo lo que está en este libro solo será teoría si tú no haces nada para practicarlo. Tu éxito puede ser una realidad si trabajas para lograrlo.

Yo creo que nada hay más lindo que ser orador, porque te da la oportunidad de motivar e inspirar a la gente, y eso es clave para quienes de alguna manera queremos un mejor mundo.

Después de este recorrido, lo más importante es que creas en ti, que reflejes esa confianza en la manera como te ves, como actúas y como hablas, en como escuchas a los demás y, sobre todo, como comunicas. Tu poder de convencer a los demás está en la capacidad que tengas de reflejar eso en lo que crees.

Vive, actúa, escucha y habla convencido de que tu mensaje ayudará a los demás a hacer de este un mundo mejor.

fuentes

Anderson, Chris, *Guía oficial de TED para hablar en público*, Paidós, Barcelona, 2016.

Bear, Mark, Barry Connors y Michael Paradiso, *Neurociencia: La exploración del cerebro*, LLW, 2008.

Covey, Stephen M.R. y Rebecca R. Merrill, *La velocidad de la confianza,* Paidós Empresa, México, 2013.

Donovan, Jeremy, *Método TED para hablar en público*, Ariel, México, 2014.

Ewing, Jack, *El escándalo de Volkswagen*: *Cómo, cuándo y por qué Volkswagen manipuló las emisiones de sus vehículos*, Paidós Empresa, México, 2018.

Hall, Edward T., *La dimensión oculta*, Siglo XXI, México, 2003.

Heller, Eva, *Psicología del color*, Gustavo Gili, Barcelona, 2004.

Hyndman, Sarah, *Why Fonts Matter*, Penguin/Random House, Londres, 2016.

James, Judi, *La biblia del lenguaje corporal*, Paidós, México, 2014.

Lieberman, Matthew, *Social*, Broadway Books, Nueva York, 2014.

O'Connor, Joseph y John Seymour, *Introducción a la programación neurolingüística*, Urano, Barcelona, 1992.

Pinker, Steven, *The Sense of Style*, Penguin/ Random House, Nueva York, 2014.

Rifkin, Jeremy, *La sociedad empática*, Paidós, México, 2014.

Sacks, Oliver, *El hombre que confundió a su mujer con un sombrero*, Anagrama, Barcelona, 2008.

Salter, Andrew, *Conditioned Reflex Therapy*, The Wellness Institute, Issaquah (WA), 2002.

Wolpe, Joseph, *The Practice of Behavior Therapy*, Pergamon Press, Oxford, 1982.

————, *Psychotherapy by Reciprocal Inhibition*, Stanford University Press, 1958.

internet

Barcat, Juan Antonio, "Locuacidad y pérdida de la atención", *Medicina* (Buenos Aires), vol. 73, núm. 4, pp. 386-388: **http://www.scielo.org.ar/pdf/medba/v73n4/v73n4a19.pdf**

Bratman Gregory N., Gretchen C. Daily, Benjamin J. Levy y James J. Gross, "The benefits of nature experience: Improved affect and cognition", *Landscape and Urban Planning*, vol. 138, junio 2015, pp. 41-50: **https://www.sciencedirect.com/science/article/pii/S0169204615000286**

Bratman, Gregory N., J. Paul Hamilton, Kevin S. Hahn, Gretchen C. Daily y James J. Gross, "Nature experience reduces rumination and subgenual prefrontal cortex activation", PNAS, junio 2015: **http://www.pnas.org/content/112/28/8567**

Castro-Martínez, Jaime A., Julián Chavarría, Andrés Parra, Santiago González, "Effects of classroom-acoustic change on the attention level of university students, *Interdisciplinaria*, vol. 33, núm. 2, 2016, pp. 201-214: **http://www.redalyc.org/articulo.oa?id=18049289001**

Gago, Débora, R. M. Martins de Almeida, "Effects of pleasant visual stimulation on attention, working memory, and anxiety in college students", *Psychology & Neuroscience*, vol. 6, núm. 3, 2013: **http://www. redalyc.org/articulo.oa?id=207029385012**

Guillén, Jesús C., "La atención en el aula: de la curiosidad al conocimiento": **https://escuelaconcerebro. wordpress.com/2014/08/04/la-atencion-en-el-aula-de-la-curiosidad-al-conocimiento/**

Merideno, I., R. Antón, y J. G. Prada, "The influence of a non-linear lecturing approach on student attention: Implementation and assessment", *Ingeniería e Investigación*, vol. 35, núm. 3, diciembre 2015, pp. 115-120: **http://www.redalyc.org/articulo. oa?id=64343212015**

Warrier, V *et al.*, "Genome-wide meta-analysis of cognitive empathy: heritability, and correlates with sex, neuropsychiatric conditions and cognition", *Molecular Psychiatry*, 6 de junio 2017: **https://www.nature.com/articles/mp2017122**

"El 27.8% de las mujeres ejerce su maternidad sin pareja", *El Universal*, 8/V/2017: **http://www.eluniversal.com. mx/articulo/cartera/economia/2017/05/8/el-278-de-las-mujeres-ejerce-su-maternidad-sin-pareja**

"¿Es verdad que ya no somos capaces de concentrarnos por más de 8 segundos? (¡Menos que los peces!)": **http://www.bbc.com/mundo/noticias-39230921**

"How can I overcome my fear of public speaking?": **https://www.mayoclinic.org/diseases-conditions/ specific-phobias/expert-answers/fear-of-public-speaking/faq-20058416**

"Silent Messages". A Wealth of Information About Nonverbal Communication (Body Language): **http://www.kaaj.com/psych/smorder.html**

"The Division on the Study of American Fears": www. chapman.edu/wilkinson/research-centers/babbie-center/survey-american-fears.aspx

"Top 10 Greatest Speeches": **http://content. time.com/time/specials/packages/ completelist/0,29569,1841228,00.html**

http://blog.visme.co/amazing-leaders-who-once-had-crippling-stage-fright-and-how-they-overcame-it/#OLtuL2V28vlVUhUv.99

https://nlp-now.co.uk/5-tips-physically-change-mood/

https://www.scientificamerican.com/article/houseplants-make-you-smarter/

https://www.ted.com/

https://www.tonyrobbins.com/

https://www.typetasting.com/